五谷杂粮巧搭配

苏易 编著

U0203186

团结出版社

图书在版编目（ＣＩＰ）数据

五谷杂粮巧搭配 / 苏易编著 . –– 北京：团结出版社，2014.10（2021.1 重印）

ISBN 978-7-5126-2318-7

Ⅰ.①五… Ⅱ.①苏… Ⅲ.①杂粮－食谱 Ⅳ.① TS972.13

中国版本图书馆 CIP 数据核字 (2013) 第 302501 号

出　　版：团结出版社

　　　　　（北京市东城区东皇城根南街 84 号　　邮编：100006）

电　　话：（010）65228880　65244790（出版社）

　　　　　（010）65238766　85113874 65133603（发行部）

　　　　　（010）65133603（邮购）

网　　址：http://www.tjpress.com

E-mail：65244790@163.com（出版社）

　　　　　fx65133603@163.com（发行部邮购）

经　　销：全国新华书店

排　　版：腾飞文化

图片提供：邴吉和　黄　勇

印　　刷：三河市天润建兴印务有限公司

开　　本：700×1000 毫米　1 /16

印　　张：11

印　　数：5000

字　　数：90 千字

版　　次：2014 年 10 月第 1 版

印　　次：2021 年 1 月第 4 次印刷

书　　号：978-7-5126-2318-7

定　　价：45.00 元

饮食的目的在于使人体气足、精充、神旺、健康长寿。

《黄帝内经》里讲道："五谷为养，五果为助，五畜为益，五菜为充。"意思是说，谷物（主食）是人们赖以生存的根本，水果、肉类和蔬菜则主要是对谷物起到辅助、补益和补充作用。这一科学的膳食结构不仅使中华民族得以生存与发展，而且避免了许多"文明病"的困扰，深受海内外营养学家称道。

明代李时珍所著的《本草纲目》中也写道："五脏更相平也，一脏不平，所胜平之。故云：安谷则昌，绝谷则亡。"谷，指主食；昌，指身体健康。这句话的意思是吃得下饭，身体才棒。

在今天，"安谷则昌"的思想不仅没有过时，而且符合现代营养学对饮食的要求。在"中国居民平衡膳食宝塔"中，五谷杂粮等主食位于宝塔的底端，是整个膳食结构的基础。营养学家也指出，在食物多样化的前提下，日常饮食应以谷类为主，它能提供人体所需的能量和一半以上的蛋白质。

作为现代人日常饮食不可缺少的一部分，五谷杂粮肩负着营养补给与保健食疗的双重作用。无论是糖类、蛋白质、脂肪，还是矿物质、维生素，都可以从五谷杂粮中得到补充。可以说，五谷杂粮是人们日常的营养调节师，餐桌上无法替代的主角。

现代营养学认为，最好的饮食其实是平衡膳食，其第一原则即是要求食物应尽量多样化。假如你想拥有并保持健康，就应该懂得如何搭配食物、均衡营养，

 五谷杂粮巧搭配

尤其应注意粗细搭配。因为，只吃精米、白面不符和平衡膳食的原则，还必须吃小米、玉米、荞麦、高粱、燕麦等粗杂粮。并且，这些粗杂粮的某些微量元素，如铁、镁、锌、硒的含量比细粮更多，对人体健康有着相当大的价值。

本书以营养为核心，以"粗粮细做，细粮巧做"为原则，根据五谷杂粮的类别，对数十种食材，上百道五谷杂粮美食做法进行了详细讲解，包括五谷杂粮主食、五谷杂粮粥、五谷杂粮菜、五谷杂粮汁、五谷杂粮汤等美食制作，花样繁多，口感多样，完全可以满足读者的需要。

读完本书并实际操作后，读者不难发现，这些美味佳肴的制作工艺看似繁琐，但只要掌握住其中的要领，制作营养膳食就是一个简单又充满乐趣的过程，不仅可以享受到美味，而且能够收获健康和快乐。

前言

科 学对待五谷杂粮

 禾 谷类

 目录

Contents

豆 菽类

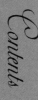

薯 类

干 果类

目
录

Contents

科学对待
五谷杂粮

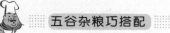

认识五谷杂粮 <<<

谷类食物是我国传统膳食的主体。随着经济的发展和生活的改善，人们倾向于食用更多的动物性食物，而谷类食物的摄入量日益减少，其膳食主体的地位不断下降。时下，食用五谷杂粮养生之风渐渐兴起，于是人们再次把目光投向五谷杂粮。

"五谷"之说出现于春秋战国时期，《论语·微子》："四体不勤，五谷不分"。但解释却有不同，有黍、稷、麦、菽、稻之说；也有黍、稷、麦、菽、麻之说。二者的主要区别在于稻、麻的有无，出现这种分歧的原因是当时的作物并不是仅有五种，而各地的作物种类又存在差异。"五谷"说之所以盛行，明显是受五行思想的影响。因此，笼统地概括五谷，指的就是几种主要的粮食作物。

五谷的概念形成之后虽然传承了2000多年，但这几种粮食作物在全国的粮食供应中所处的地位却因时代的发展而不同。谷类中的粟、黍等作物，因具有耐旱、耐瘠薄、生长期短等特性，故在北方旱地原始栽培情况下占有特别重要的地位。至春秋战国时期，人们发现菽具有"保岁易为"

的特征，因而与粟一道成为当时人们不可缺少的粮食。与此同时，宿麦（冬麦）开始受到人们普遍的重视，渐渐发展为主要的粮食作物之一，并与粟相提并论。唐宋以后，水稻在全国粮食供应中的地位日益提高。据明代宋应星的估计，水稻在当时的粮食供应中居绝对优势地位，占十分之七；大麦、小麦、黍、稷等粮食作物，合在一起，仅占十分之三的比重，已退居次要地位；大豆等则已退出粮食作物的范畴，只作为蔬菜食用。同时，随着玉米、甘薯、土豆于明末相继传入我国，一些新的作物又陆续加入粮食作物的行列，并成为现代中国粮食作物的重要组成部分。

现在所指的五谷通常是指稻谷、麦子、大豆、玉米、薯类，而习惯将大米、白面以外的粮食称作杂粮。也就是说，五谷杂粮泛指谷类（米、面、杂粮等）、薯类（土豆、甘薯、木薯等）、豆类（大豆、其他干豆类）及果类（花生、核桃、杏仁等）。其中，谷类及薯类主要提供碳水化合物、蛋白质、膳食纤维及B族维生素；豆类及果类主要提供蛋白质、脂肪、膳食纤维、矿物质、B族维生素和维生素E。

尽管人们一直对五谷杂粮的分类存在不同的见解和分歧，但有一点毋庸置疑：食用五谷杂粮必须科学合理，均衡搭配，这样才能为健康加分。

五谷杂粮六大好处 <<<

1. 让人更聪明

五谷杂粮中的蛋白质，有增强和抑制大脑皮层兴奋的功能，可以提高脑部代谢活动、增强效率，并含有人体必需的8种氨基酸，如赖氨酸有活化脑部的作用，对于大脑正值发育期的儿童和记忆力减退的老人有所帮助；又如谷氨酸可改善脑部机制、治疗痴呆症等。另外，五谷杂粮还含有丰富的磷脂，对脑部神经的发育、活动有良好的功效，可以增强记忆力。

2. 使人更漂亮

五谷杂粮中富含的维生素A，能保持皮肤和黏膜的健康；维生素B_2可预防青春痘；维生素E则能预防衰老、皮肤干燥。其他成分如脂肪、挥

发油、亚麻油酸可滋润皮肤，使其光滑细致；氨基酸、胱氨酸等能让头发乌黑亮丽；而不饱和脂肪酸可使堆积在体内的胆固醇减少，促进新陈代谢，使头发容易生成，预防掉发和秃头等。所以说，五谷杂粮可使人保持美丽，更加漂亮。

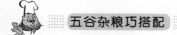

3. 让身材更苗条

五谷杂粮中含有许多瘦身所需的重要元素，可使身材更加苗条。例如，有些五谷杂粮中含有泛酸，是脂肪代谢的重要成分，能释放食物的能量；B族维生素则可帮助热量燃烧；膳食纤维能促进消化液分泌和肠胃蠕动，加快人体废物排出；镁则可协助糖类和脂肪的代谢作用，等等。

4. 清除人体毒素

五谷杂粮丰富的膳食纤维在肠道内不会被消化，可以吸附水分子，使食物残渣或毒素在肠道内运行，迅速排出体外，达到排毒的效果；维生素E可帮助血液循环，加速排毒作用。

5. 预防疾病的产生，让人更加健康

五谷杂粮富含膳食纤维，营养均衡而全面，能满足人体对营养的需求，有效提高人体免疫力，增强抗病能力，让人更加健康。例如，五谷杂粮中的维生素C，可缓和疲劳症状，预防感冒、下肢酸痛等疾病；铁能预防胃溃疡、食欲缺乏等症状；钾可以避免肌肉麻痹、郁闷不安与全身无力等症状；而铜、锌等微量元素具有改善精神衰弱、失眠等症状和增加食欲、调整胃口的功效；所含的不饱和脂肪酸，可软化血管内的胆固醇，减少心血管方面的疾病；膳食纤维，能延缓身体对葡萄糖的吸收，并降低饭后的血糖上升速度，使胰岛素产生作用，对糖尿病患者控制和调节血糖有极大的帮助。

6. 防癌

例如，蛋白质、氨基酸和B族维生素等，具有良好的抗癌作用，常吃可预防肿瘤病变；维生素A有助于人体内细胞分裂，预防癌细胞形成，并可帮助免疫系统反应，制造抗生素；丰富的膳食纤维能缩短废物在肠道中停留的时间，减少肠道黏膜和致癌物质接触的几率，可预防便秘和结肠癌。

五谷杂粮食用禁忌 <<<

五谷杂粮是人们日常生活中最重要的食物之一。为更好地发挥其价值和疗效，食用时要注意食用的方式和禁忌。

1. 消化能力有问题的人

胃溃疡、十二指肠溃疡等消化能力有问题的人，不适合吃五谷杂粮中难消化的谷物，因为这些食材较粗糙，跟胃肠道物理摩擦，会造成伤口疼痛。有肠胃疾病的人，不能吃太多荞麦类，因为荞麦类容易产生消化不良的问题。容易胀气的人，也不要多吃五谷杂粮，尤其是大豆类，吃多了容易产生胀气，加重病情。

2. 贫血、缺钙的人

谷物的植酸、草酸含量高，会抑制钙质，尤其抑制铁质的吸收，所以缺钙、贫血的人，更要聪明吃，例如，牛奶不能跟五谷饭一起吃，否则会吸收不了钙质。另外，在食用五谷杂粮的同时，

可适量补充红肉，因为红肉所含的血基质铁不受植酸影响。

3.肾脏病人

肾脏病人不能吃五谷杂粮，因为其蛋白质、钾、磷含量偏高，做主食容易食用过多，病人身体无法耐受，必须吃精白米。

4.糖尿病人

糖尿病人要控制淀粉摄取，即使吃五谷杂粮，也要控制好分量。而且五谷杂粮虽然因为纤维较多，有助于降血糖，但若糖尿病合并肾病变，则不能吃杂粮饭，必须吃精白米。

5.痛风病人

痛风病人食用豆类过多，会引发尿酸增高，所以豆类的摄取分量要降到最低。而五谷中的小米不含嘌呤，适合患者食用。

6.癌症病人

胃肠功能没问题的癌症病人，可以适当食用五谷杂粮。但假如是做了胃肠道手术或患的是胃肠道癌，那就不适合吃。尤其是大肠癌病人，从治疗期间到治疗后至少两三个月，均应采取低渣饮食，避开纤维太硬、会摩擦或撑开肠胃道的食物，待身体恢复回诊时，再跟医生确认能否吃五谷杂粮。

五谷杂粮的选购与贮存 <<<

对于五谷杂粮，消费者要掌握一定的购买与保存窍门。这样才能购买到优质的五谷杂粮并最大限度地延长五谷杂粮的健康食用时间。在选购五谷杂粮时，大体遵循以下四个原则：

一看，看五谷杂粮的色泽和外观。优质的五谷杂粮颗粒饱满，颜色透亮，没有破损、虫蛀、霉变以及腐烂现象。例如，正常粳米大小均匀，丰满光滑，有光泽，色泽正常，碎米或黄粒米极少。

二抓，即手抓一把五谷杂粮，仔细看里面的杂质含量。优质的五谷杂粮干净，均匀，杂质少。如玉米碎，抓一把玉米碎，在手中反复捻搓几下，再轻轻顺手掌滑落，掺兑有色素的会在手中粘黄色东西，而优质玉米碎则无此现象。

三闻，优质的五谷杂粮可闻到粮食的清香，没有异味。例如，优质甘薯闻起来有甘薯清香味，无发霉等异味。

四尝，选几粒五谷杂粮放在口中咀嚼，优质的五谷杂粮无异味、怪味。例如枸杞子，优质枸杞子尝起来质地柔软、味道甜。

购买的五谷杂粮应保存在干净的缸、桶、玻璃或陶瓷容器内，并保持干燥。如红豆，干红豆可用有盖的容器装好，放于阴凉、干燥、通风的地方保存。

学会烹调，让五谷杂粮更美味 <<<

1. 烹调之前宜提前浸泡

谷类、豆类中含有较多的膳食纤维，假如直接用于烹调，做出来的食物必定发硬，不易入口，且不利于消化。如果事先将五谷杂粮在水中充分浸泡至软，做出来的食物不仅口感更佳，吃起来美味香醇，而且可以减少烹调时间，活化其中的营养素，更容易被人体消化吸收。如果是夏天，可将其放在冰箱中浸泡，以减少细菌滋生。浸泡的时间因五谷杂粮种类的不同而不同。但无论哪种杂粮，都最好选择现成的、粗加工的产品，这

样可以最大限度地保存其中的营养。

2.烹调宜清淡

在烹调五谷杂粮时，如果添加过多的糖、油脂、盐、人工香料，不仅会影响养生的效果，还会加重肾脏的负担，同时容易引起心血管疾病。因此，应坚持少油、少盐、少糖的烹调原则，食用时要细嚼慢咽，这样才能品出其中的美妙滋味，也更益于人体对其营养的吸收。假如实在追求口味，应该尽量选择天然的、不含人工香料的调味品，也可以自己动手做健康调味料。

3.进食五谷杂粮要循序渐进

尽管五谷杂粮有养生功效，但却并不能只吃五谷杂粮，而应循序渐进，给自己的口味和肠胃一段转变、适应的时间。所以，要注意粗细粮搭配。例如，可以先用白米与五谷杂粮混煮，然后根据实际情况慢慢增加后者的比例。为发挥出最好的效果，搭配的两种或多种食物在属性上要相互辅助。

另外，五谷杂粮的烹调方法是非常丰富的，不仅可以做主食、煮粥，而且可以用来做五谷汁、米浆、粉糊、菜肴、汤以及小点心等。因此，烹调方式要精细化，越简单的食物越需要细致地烹调。这样既口感多样，又利于消化，可让家人逐渐爱上五谷杂粮，身体更加健康。

五谷 杂粮巧搭配

禾谷类

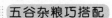

小麦

↓

概述 >>>

　　小麦起源于中东新月沃土地区，是世界上最早栽培的农作物之一，也是现在种植面积最广和食用人口最多的粮食作物之一，总产量仅次于玉米，是世界第二大粮食作物。小麦的颖果是人类的主食之一，磨成面粉后可制作面包、馒头、饼干等食物；发酵后可制成啤酒、酒精、伏特加或生质燃料。

>>>

营养成分

　　小麦富含淀粉、蛋白质、脂肪、矿物质、钙、铁、硫胺素、核黄素、烟酸及维生素A等。因品种和环境条件不同，营养成分的差别较大。从蛋白质的含量看，生长在大陆性干旱气候区的麦粒质硬而透明，含蛋白质较高，达14%~20%，面筋强而有弹性，适宜烤面包；生于潮湿条件下的麦粒含蛋白质8%~10%，麦粒软，面筋差。

功效主治

　　新麦性热，陈麦性平。

　　小麦可以除热，止烦渴、咽喉干燥，利小便，补养肝气，止漏血唾血，补养心气，适宜有心病的人食用。将它煎熬成汤食用，可治淋病。磨成末服用，能杀蛔虫。去皮与红豆煮粥食用可生津养胃，去水肿。将陈麦煎成汤饮用，还可以止虚汗。烧成灰，用油调和，可治各种疮及汤火灼伤。

　　对于妇女，进食全麦可以降低血液循环中的雌激素的含量，有防治乳腺癌的作用；食用未精制的小麦能够缓解更年期综合症。

蛤蜊打卤面

TIME 30分钟

菜品特点
香嫩美肴
口味独特

→ **主料：** 蛤蜊500克，鸡蛋3个，面条200克

○ **配料：** 小油菜50克，蒜汁、姜汁、盐、植物油各适量

视觉享受：★★★
味觉享受：★★★★
操作难度：★

操作步骤

①准备一盆淡盐水，滴入少许油搅拌均匀，将蛤蜊浸泡半天以上吐净泥沙备用；打鸡蛋，加盐后搅匀，倒入加热的油锅快速翻炒，盛出；小油菜洗净后，用热水焯熟。

②锅中倒植物油，加热后把蛤蜊倒入翻炒，加蒜汁、姜汁、盐调味，炒至蛤蜊张口然后出锅；开水锅下面条，放盐煮熟后捞出。

③将蛤蜊、炒好的鸡蛋、小油菜、面条盛入碗中即成。

操作要领

为保持鸡蛋鲜嫩，翻炒时间不宜过长。

营养贴士

蛤蜊低热能、高蛋白、少脂肪，能防治中老年人慢性病，实属物美价廉的海产品。

视觉享受：★★★ 味觉享受：★★★★ 操作难度：★

番茄鱼片面

TIME 30 分钟

菜品特点
香嫩鲜滑
易于操作

主料： 黑鱼片 100 克，番茄 50 克，面条 200 克

配料： 植物油 100 克，葱花、盐、鸡精、生粉、胡椒粉、姜、酱油各适量

操作步骤

①黑鱼片洗干净沥去水分后，加入生粉、盐、鸡精、胡椒粉及少量水用手抓匀腌 10 分钟；姜切末备用。

②锅中烧开水放入面条煮沸；番茄洗净，切开去籽切片备用。

③面条烧开后立刻捞出放入冷水下冲凉，锅中放植物油烧热，放入腌好的黑鱼片滑炒至颜色变白，关火捞出备用。

④锅中留炒鱼片的底油，烧热后放入姜末爆香，然后放入番茄片，加入开水，调入盐、鸡精和少许酱油，烧沸后放入面条、炒好的黑鱼片煮 2 分钟后关火，撒上葱花及胡椒粉即成。

操作要领

黑鱼片腌的时候抓到略有些黏的程度即成。

营养贴士

黑鱼骨刺少，含肉率高，而且营养丰富，比鸡肉、牛肉所含的蛋白质高。

主料： 自发面粉适量

配料： 植物油、白糖、炼乳、蜂蜜各适量

操作步骤

①将自发面粉放入盆中，加入白糖、炼乳，和成面团，用湿布盖严，醒 30 分钟。

②面团用擀面杖擀压成长方形，用刀切成等大的小方块，即做成馒头生胚，再醒 20~30 分钟。

③醒好的馒头生坯，放入已经加好凉水并且铺好打湿屉布的笼屉中，蒸锅加盖大火烧开转小火蒸 10 分钟，关火 3 分钟后开盖。

④锅内放入足量的油，烧至六成热时放入蒸好的馒头，炸至表皮金黄捞出。

⑤一半数量的馒头炸好后，与另一半一起装盘，配上炼乳和蜂蜜调制好的蘸料一同上桌。

操作要领

如果不是竹制或木制蒸笼，生坯一定要凉水上锅，开锅后立即转小火蒸制。

营养贴士

炼乳具有维护视力及皮肤健康、补充钙质、强化骨骼的作用。

视觉享受：★★★★★ 味觉享受：★★★★ 操作难度：★★★★

金银馒头

TIME 2 小时

菜品特点
色泽光亮
暄软细腻

龙头酥

➡ **主料**：面粉 500 克

➡ **配料**：鸡蛋 3 个，苏打粉 5 克，白糖 100 克，菜籽油 1500 克（约耗 150 克）

视觉享受：★★★★
味觉享受：★★★
操作难度：★★★

⚙ 操作步骤

①将鸡蛋磕入盆内搅散，加入适量白糖、苏打粉和清水，再倒入面粉和匀揉光成面团，搓成条，擀成约 1 厘米厚的面皮，用刀切成约 14 厘米长、4 厘米宽的小片。小片对折，在折口处用刀按半厘米的距离均匀地切 3 条长 3 厘米的口子，再将皮子打开，将一端从中间切口处翻花扯抻，用手心略压，即成龙头酥坯。

②锅内加菜籽油，烧至六成热时，将龙头酥坯五个一批入锅翻炸，炸至两面金黄色时，捞出去油即成。

⚒ 操作要领

面团要揉匀醒透，揉至表面光滑为宜。

👉 营养贴士

面粉有除热、止燥渴咽干、利小便、养肝气的功效。

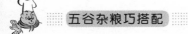

视觉享受：★★★★ 味觉享受：★★★★★ 操作难度：★★★★

鸡丝馄饨

TIME 40分钟

菜品特点
益气养血
健脾益胃

主料： 面粉 250 克，肉馅 150 克

配料： 熟鸡丝 25 克，太白粉 20 克，紫菜、香菜各 15 克，咸萝卜丁、芝麻油、鸡汤各适量

操作步骤

①面粉放入盆内，加适量水和成面团，加太白粉，擀成薄面片，折叠后切成梯形馄饨皮，和肉馅包成馄饨；紫菜撕成小片。

②锅内放水烧沸，放入馄饨，水沸后改用小火煮熟，捞出放入碗中，撒上紫菜、香菜、熟鸡丝和咸萝卜丁，再把鸡汤烧沸，浇到碗中，淋上芝麻油即可。

操作要领

馄饨不可久煮。

营养贴士

此馄饨可养阴生精、补益脏腑、软坚化痰、清热利尿，对于产妇尤为有益。

主料： 大米粉、面粉各 150 克

配料： 酵母（干）、泡打粉各 2 克，白糖 20 克，色拉油适量

操作步骤

①将大米粉、面粉和泡打粉以及白糖混合，放入面包机中，再将酵母溶于温水中，也倒入面包机中，和成面团。

②取出面团整理成形。取一盆，底部抹色拉油，放入面团，再将其一同放入烤箱中，启动发酵挡，发酵至 2 倍大。

③开水上锅，大火蒸 30 分钟，蒸好后立即取出，倒扣脱模。

操作要领

制作发糕，要想松软，一定要醒发到位。

营养贴士

此糕具有补血、健脾的功效。

视觉享受：★★★★ 味觉享受：★★★★ 操作难度：★★

发糕

TIME 60分钟

菜品特点
软糯可口
好吃营养

TIME 45分钟

菜品特点
清爽可口
汤鲜味美

蛤蜊疙瘩汤

➡️ **主料：** 蛤蜊300克，面粉100克

👉 **配料：** 鸡蛋1个，油、姜丝、葱花各适量

视觉享受：★★★★★
味觉享受：★★★★
操作难度：★★★

🔄 操作步骤

①蛤蜊吐净泥沙后开水焯下捞出（焯蛤蜊的水澄清备用），再将蛤蜊剥去壳，肉备用；把面粉加少许凉水做成面碎儿。

②锅内加少许油，放入姜丝煸炒出香，倒入澄清后的焯蛤蜊水，水开后放入蛤蜊肉，倒入面碎，大火煮开，稍开几分钟后打入鸡蛋液，撒入葱花出锅。

🍴 操作要领

可以根据爱好酌情添加精盐。

👉 营养贴士

蛤蜊低热能、高蛋白、少脂肪，能防治中老年人慢性病，是物美价廉的海产品。

燕麦

概述 >>>

　　燕麦是世界性栽培作物，是禾本科燕麦属一年生草本植物，分布在五大洲四十二个国家，集中产区是北半球的温带地区。根据种子带壳与否，燕麦分皮燕麦和裸燕麦两大类，世界各国多以种植皮燕麦为主，而我国则以种植裸燕麦为主。

营养成分

　　燕麦含粗蛋白质达 15.6%，脂肪 8.5%，还有淀粉以及磷、铁、钙等元素，与其他粮食相比，营养元素均名列前茅。燕麦中水溶性膳食纤维分别是小麦和玉米的 4.7 倍和 7.7 倍。燕麦中的 B 族维生素、比较丰富，特别是维生素 E，每 100 克燕麦粉中高达 15 毫克。此外，燕麦粉中还含有谷类食粮中均缺少的皂甙（人参的主要成分）。

功效主治

　　燕麦性温、味甘，具有健脾、益气、补虚、止汗、养胃、润肠的功效，不仅可以预防动脉硬化、脂肪肝、糖尿病、冠心病，对便秘及水肿等也有很好的辅助治疗作用，可增强人的体力、延年益寿。此外，燕麦还可以改善血液循环，缓解生活、工作中的压力，并能够抗细菌、抗氧化，春季能有效增强人体的免疫力，抵流感。其含有的钙、磷、铁、锌等矿物质有预防骨质疏松、促进伤口愈合、预防贫血的功效，是补钙极品。对于爱美的女性，燕麦具有保湿润肤、美白祛斑、抗皱、抗氧化、滋润护发等美容功效。

燕麦核桃仁粥

TIME 60 分钟

菜品特点
补脑补血
味道鲜美

→ **主料：** 燕麦 50 克，核桃仁 30 克

← **配料：** 白糖 3 克，玉米粒、鲜奶各适量

视觉享受：★★★★★
味觉享受：★★★★
操作难度：★★★

操作步骤

①燕麦泡发洗净。

②锅置火上，倒入鲜奶，放入燕麦。

③加入核桃仁、玉米粒同煮至浓稠状，调入白糖拌匀即可。

操作要领

煲此粥时，一定要将燕麦用清水泡发 30 分钟。

营养贴士

燕麦含有多种酶类，不但能抑制人体老年斑的形成，而且具有延缓人体细胞衰老的作用，是老年人及心脑病患者的最佳保健食品。

荞麦

　　荞麦，别名乌麦、甜荞、三角麦，是秋季的主要蜜源植物。荞麦在中国分布甚广，南到海南省，北至黑龙江，西至青藏高原，东抵台湾。主要产区在西北、东北、华北以及西南一带高寒山区，分布零散，播种面积因年度气候而异，变化较大。荞麦具有良好的适口性，可做面条、饸饹、凉粉、扒糕、烙饼、蒸饺和荞麦米饭，还可以做挂面、灌肠、麦片与各种高级糕点和糖果，并有较高的药用价值，是部分少数民族的主要粮食作物。

营养成分

　　荞麦含有丰富的钙、磷和铁，还含有维生素 B_1、维生素 B_2、烟草酸、柠檬酸、苹果酸、芦丁与维生素 E。其蛋白质含量达 11.2%，每 100 克甜荞米含赖氨酸 630 ~ 741 毫克，胱氨酸 3140 毫克，比所有谷类作物都高。脂肪含量 2.4%，并富有亚油酸等不饱和脂肪酸，其特点是高度稳定，不易氧化。淀粉含量 72% 左右，纤维素含量 1.2%。

功效主治

　　荞麦性凉、味甘，具有健胃、消积、止汗的功效，对胃痛胃胀、消化不良、食欲缺乏、肠胃积滞、慢性泄泻等病症有辅助治疗作用。同时，荞麦能帮助人体代谢葡萄糖，是防治糖尿病的天然食品。而且荞麦秧和叶中含多量芦丁，经常煮水服用可预防高血压引起的脑溢血。此外，荞麦所含的纤维素可使人大便通畅，并预防各种癌症。

TIME 60 分钟

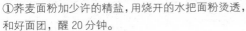

菜品特点
制作简单
营养美味

荞麦面蒸饺

🔴 **主料:** 荞麦面粉 200 克

🔴 **配料:** 花生油、精盐、猪肉、豆角、葱、酱油、蚝油、香油、糖各适量

视觉享受: ★★★
味觉享受: ★★★★
操作难度: ★

🥄 操作步骤

①荞麦面粉加少许的精盐，用烧开的水把面粉烫透，和好面团，醒 20 分钟。

②豆角洗净放入蒸锅蒸熟剁碎；猪肉剁碎，放入所有的调料一起拌匀成馅料。

③面团揉至光滑，切成大小一样的剂子，擀成圆皮，放入馅料包好，放入蒸锅蒸 10 分钟左右即可。

🥄 操作要领

用烧开的水把面粉烫透，面粉与水的比例大约为 8：2，面团要软和才行。

🍴 营养贴士

荞麦面具有抗菌、消炎、止咳、平喘、祛痰、促进机体的新陈代谢等功效。

19

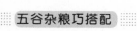

视觉享受：★★★★ 味觉享受：★★★★★ 操作难度：★★★

荞麦窝头

TIME 2小时

菜品特点
营养丰富
颐味精品

主料： 苦荞麦粉 100 克，面粉 100 克
配料： 酵母、泡打粉、炼乳各适量

操作步骤

①苦荞麦粉和面粉混合均匀，加入酵母和泡打粉，慢慢加入冷水，用筷子不停搅拌成面絮状，不停揉搓成光滑的面团，在温暖处醒发。
②发酵至 2 倍大时取出，排出面团里的空气，揉搓成长条，切成均匀的剂子，做成窝头生坯。
③冷水上锅，湿纱布垫在蒸锅上，放入窝头坯子，再醒发 20 分钟，大火蒸 15 分钟后关火，焖 3 分钟即可。上桌时搭配炼乳食用。

操作要领

这种荞麦馒头没有加糖，吃起来有点苦，因而需搭配炼乳食用。也可以考虑加糖或使用甜荞麦粉。

营养贴士

荞麦性平、味甘凉，归胃、大肠经，有健脾益气、开胃宽肠、消食化滞、除湿下气的功效。

主料： 荞麦面 150 克
配料： 和风沙拉酱材料（橙醋 200 克，沙拉油 50 克，醋 25 克，黄芥末粉 15 克，盐、细砂糖、胡椒粉各 5 克），胡萝卜、黄瓜、葱各少许，苹果、洋葱各适量

操作步骤

①苹果去皮、去籽，磨成泥取果汁；洋葱（留少量切丝备用）磨成泥取汁液；胡萝卜、黄瓜切丝；葱切花。
②将苹果汁、洋葱汁与其余和风沙拉酱材料混合均匀即做成和风沙拉酱。
③锅烧开水，下入荞麦面，煮熟，捞出放入碗中，放凉，将沙拉酱浇在上面，撒上胡萝卜丝、洋葱丝、黄瓜丝、葱花，吃时拌匀。

操作要领

做洋葱汁时大概取 1/4 颗洋葱大小的部分来取汁液，其余部分切丝。

营养贴士

荞麦含有丰富膳食纤维，所以荞麦具有很好的营养保健作用。

视觉享受：★★★ 味觉享受：★★★★ 操作难度：★★

和风荞麦面沙拉

TIME 15分钟

菜品特点
口感膏撒
独特香味

大米

概述 >>>

　　大米被誉为"五谷之首"，别名粳米，是稻谷经清理、砻谷、碾米、成品整理等工序后制成的成品。其口感柔和，香气浓郁，具有易于消化、老少皆宜的特点，是我国以及全世界居民的主要食物之一。在我国，大米是主要的粮食作物，约占粮食作物栽培面积的四分之一；在全世界，有一半人口以大米为主食。

营养成分

　　大米中含碳水化合物 75% 左右，蛋白质 7%~8%，脂肪 1.3%~1.8%，并含有丰富的 B 族维生素等。大米中的碳水化合物主要是淀粉，所含的蛋白质主要是米谷蛋白，其次是米胶蛋白和球蛋白，其蛋白质的生物价和氨基酸的构成比例都比小麦、大麦、小米、玉米等禾谷类作物高，消化率 66.8%~83.1%，也是谷类蛋白质中较高的一种。

功效主治

　　中医认为大米味甘性平，可提供丰富的维生素、谷维素、蛋白质、花青素等营养成分，具有补中益气、健脾养胃、益精强志、和五脏、通血脉、聪耳明目、止烦、止渴、止泻的功效。大米粥具有补脾、和胃、清肺功效，可在一定程度上缓解皮肤干燥等不适，古代养生家便倡导"晨起食粥"以生津液，因此，因肺阴亏虚所致的咳嗽、便秘患者可早晚用大米煮粥服用。另外，大米还有护肤功效，以大米提取液作为主要成分（其富含 γ- 谷维素、稻糠甾醇、原花青素等成分），性质温和、安全，具有较强的润白功效，并可补充肌肤所缺失水分，使肌肤光滑细腻，充满弹性。

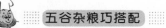

TIME 60 分钟

菜品特点
生津止渴
和血通乳

黄花菜瘦肉粥

主料： 黄花菜 50 克，瘦肉、大米各 100 克
配料： 盐、葱花、姜片各适量

视觉享受：★★★★
味觉享受：★★★★★
操作难度：★★

操作步骤

①黄花菜洗净；瘦肉切丝备用。

②姜片、大米、黄花菜一同放入滚水中，同煮成粥，之后放入肉丝、葱花，肉丝将熟时加入盐调味即可。

操作要领

煮粥一般都先用旺火煮沸，再转为小火，这样熬出来的粥才会黏稠可口。

营养贴士

此粥适用于产后乳汁不足症。

视觉享受：★★★★　味觉享受：★★★★　操作难度：★★

白粥

TIME　45 分钟

菜品特点
简单营养
浓郁香滑

主料： 香粥米 100 克
配料： 高汤精适量

操作步骤
①香粥米洗净后浸泡 30 分钟左右，捞出沥干放入锅中。
②加适量清水以及高汤精，旺火煮沸后转小火，熬煮 60 分钟左右即可。

操作要领
一般煮粥都先用旺火煮沸后，再转为小火，这样熬出来的粥才会黏稠可口。

营养贴士
此粥具有滋补元气、生津液、畅胃气的功效。

主料： 大米 50 克，猪肝 100 克，菠菜 20 克
配料： 葱姜水、料酒、盐各适量

操作步骤
①将大米淘洗干净备用；猪肝洗净切片，用葱姜水、料酒、盐腌渍约 15 分钟；菠菜洗净。
②锅中放入适量清水烧开，放入大米煮沸，转小火熬成粥，放入猪肝、菠菜，待其变色即可。

操作要领
选购菠菜，叶子应厚，伸张得很好，且叶面要宽，叶柄则要短。如叶部有变色现象，要予以剔除。

营养贴士
菠菜中所含微量元素物质，能促进人体新陈代谢，增进身体健康。多食用菠菜，可降低中风的危险。

视觉享受：★★★★　味觉享受：★★★★★　操作难度：★★★

菠菜猪肝粥

TIME　50 分钟

菜品特点
补铁壮骨
强身健体

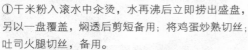

咖喱炒米粉

TIME 20分钟

菜品特点
香味诱人
口感上佳

> **主料：** 干米粉 250 克

> **配料：** 吐司火腿 2 片，鸡蛋 1 个，洋葱丝 20 克，红甜椒丝、青椒丝各 15 克，咖喱粉 8 克，盐 5 克，白糖 1 克，色拉油 20 克，熟芝麻少许

视觉享受：★★★★
味觉享受：★★★
操作难度：★★

操作步骤

①干米粉入滚水中余烫，水再沸后立即捞出盛盘，另以一盘覆盖，焖透后剪短备用；将鸡蛋炒熟切丝；吐司火腿切丝，备用。

②热锅，倒入色拉油，放入洋葱丝、咖喱粉炒香，加入青椒丝、红甜椒丝，以小火炒 2 分钟。

③在吐司火腿丝中加水、盐和白糖调味放入锅内，最后放入烫熟米粉炒至水分收干，撒上炒好的鸡蛋丝、熟芝麻即可。

操作要领

配料中可以依自己喜好换其他配料，鸡蛋可以换成虾仁，也可以放上一些绿豆芽等。

营养贴士

这道主食除米粉外又加入多种配料，营养更加均衡。

视觉享受：★★★★★　味觉享受：★★★★　操作难度：★★★

肉末紫菜豌豆粥

TIME 70分钟

菜品特点
止渴通乳
健脾利水

主料： 大米 200 克，猪肉 150 克，嫩豌豆适量

配料： 精盐、味精各少许，熟猪油、紫菜、葱花各适量

操作步骤

①将嫩豌豆洗净，去除杂质；猪肉去除筋膜、洗净，切成丁；大米淘洗干净，捞出沥干备用；紫菜洗净，浸软，用开水汆过，挤干水分待用。
②坐锅点火，加适量清水，先下入大米用旺火煮沸，撇去浮沫，改用小火煮至粥将成，然后加入猪肉丁、嫩豌豆煮熟，再淋入熟猪油，放入紫菜，加入精盐、味精调好口味，撒葱花即可。

操作要领

紫菜食用前要用清水泡发，并换两次水以清除杂质、毒素。

营养贴士

紫菜具有化痰软坚、清热利水、补肾养心的功效。

主料： 辣白菜 100 克，年糕 200 克

配料： 油、盐、白糖、葱末、鸡精各适量

操作步骤

①年糕切片；辣白菜切段。
②热油锅，放入葱末炒香，放入辣白菜翻炒，加入白糖炒匀，放入年糕片翻炒。
③倒入适量清水，烧开锅，翻炒到汤汁浓稠，放入盐炒匀，最后调入鸡精即可出锅。

操作要领

年糕要不停翻炒，防止粘锅。

营养贴士

辣白菜含有多种维生素和酸性物质，可以净化胃肠，促进胃肠内的蛋白质分解和吸收。

视觉享受：★★★★　味觉享受：★★★★★　操作难度：★★★

辣白菜炒年糕

TIME 20分钟

菜品特点
酸辣爽口
健脾开胃

膏蟹炒年糕

TIME 30分钟

菜品特点
做法简单
风味独特

● **主料:** 膏蟹1只, 年糕适量
● **配料:** 油、酱油、黄酒、盐、糖、生粉、葱花、姜片各适量

视觉享受: ★★★★★
味觉享受: ★★★★
操作难度: ★★★

🔧 操作步骤

①膏蟹洗净, 去脐盖, 一切为二, 在刀口拍生粉; 年糕切片备用。

②锅加热, 放适量油, 放姜片炒香, 再将蟹肚朝上, 排列在锅中, 加黄酒、酱油、糖、盐少许, 烧一下, 加适量水或清汤, 加年糕烧开。

③调小火烧15分钟, 勾少许芡, 撒葱花即可。

🖐 操作要领

膏蟹一定要选用鲜活的。

👉 营养贴士

膏蟹膏满肉肥, 素与鲍鱼、海参相媲美, 享有"水产三珍"之誉。

糯米

概述 >>>

糯米是糯稻脱壳的米，也是人们熟悉并经常食用的粮食之一，在我国各地都有栽培，秋季采收成熟糯稻谷，晒干去皮壳后即可食用，在南方称为糯米，而北方多称为江米。糯米米质呈蜡白色，不透明或半透明状，形细，煮熟后口感滑腻，香甜可口，是制造黏性小吃（如粽、八宝粥及各式甜品）的主要原料，也是酿造醪糟（甜米酒）的主要原料。

营养成分

糯米为温补强壮食品，含蛋白质、脂肪、糖类、钙、磷、铁、维生素 B_1、维生素 B_2、烟酸及淀粉等营养成分，具有补中益气、健脾养胃、止虚汗的功效，对食欲不佳、腹胀、腹泻有一定缓解作用。

功效主治

糯米味甘、性温，入脾、胃、肺经，是一种温和的滋补品，一般人群都可食用，有补虚、补血、健脾暖胃、止汗等作用。糯米适用于脾胃虚寒所致的反胃、食欲减少、泄泻和气虚引起的汗虚、气短无力、妊娠腹坠胀等症。糯米有收涩作用，对尿频、盗汗有较好的食疗效果。

糯米制成的酒，可滋补健身和治病。例如，用糯米、杜仲、黄芪、枸杞子、当归等酿成的"杜仲糯米酒"，饮之有壮气提神、美容益寿、舒筋活血的功效；用天麻、党参等配糯米制成的"天麻糯米酒"，有补脑益智、护发明目、活血行气、延年益寿的作用。

珍珠丸子

菜品特点
简单易做
营养开胃

🔴 **主料：** 猪肉 300 克，糯米 150 克

👉 **配料：** 姜、葱、料酒、盐、生抽、淀粉各适量

硬奖享受：★★★★★
味觉享受：★★★★
操作难度：★★

🍴 操作步骤

①糯米洗净，放入水中浸泡 4 小时，沥干备用；猪肉洗净剁成肉末；葱、姜切末。

②猪肉末和葱姜末放入碗内，加料酒、盐、淀粉、生抽搅拌均匀成馅，把肉馅挤成大小合适的丸子。

③每个肉丸子上滚上一层糯米，然后放置蒸屉上，把蒸笼放在沸水锅上，大火蒸 20 分钟即可。

🍴 操作要领

糯米最好先放水中浸泡一段时间。

👉 营养贴士

本品具有补虚强身、滋阴润燥、丰肌泽肤、补中益气、健脾养胃、止虚汗等功效。

视觉享受：★★★★★ 味觉享受：★★★★★ 操作难度：★★★★

糯米糍

TIME 30 分钟

菜品特点
香甜可口
黏而柔软

主料： 糯米粉 250 克

配料： 澄粉 40 克，橄榄油 45 克，白糖 25 克，豆沙馅、椰丝各适量

操作步骤

①用开水将澄粉烫熟，并用筷子顺一个方向搅拌，使水分被澄粉吸收，待温度下降后用手揉成团。

②在糯米粉中加入溶解有白糖的温水，用筷子搅拌至水分被糯米粉吸收，加入橄榄油和澄粉团一起和成一个大面团。

③将糯米团分成每个大小约 25 克的小球，每个小球在掌心里压扁包上豆沙馅，再重新揉成小球状。

④放入蒸锅，大火蒸 10 分钟后取出，趁热裹上椰丝，放凉即食。

操作要领

糯米糍不易久放，久放表皮会变硬，需在微波炉中加热回软后再食用。

营养贴士

此菜有益肠道、养肺、利尿消石、止咳消炎、减肥、利尿、下奶的功效。

主料： 水磨年糕 1 块，鸡蛋 2 个，糯米甜酒适量

配料： 冰糖适量

操作步骤

①水磨年糕，细细地切成小块。

②加上一小碗矿泉水，和糯米甜酒一起放到不粘锅里煮。

③等煮开后，再磕两个鸡蛋，加几块冰糖进去，稍微搅一搅即可。

操作要领

冰糖的量根据个人口味添加。

营养贴士

糯米甜酒富含多糖、矿物质、有机酸、氨基酸和 B 族维生素等营养成分。

视觉享受：★★★★ 味觉享受：★★★★ 操作难度：★★★

甜酒年糕荷包蛋

TIME 40 分钟

菜品特点
风味独特
老少皆宜

糯米蒸闸蟹

TIME 30 分钟

菜品特点
糯米清香
蟹味浓郁

➡ **主料**：糯米 400 克，大闸蟹 1 只

👆 **配料**：精盐、味精、绍酒、葱花各适量

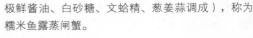

视觉享受：★★★★★
味觉享受：★★★★★
操作难度：★★

🔧 **操作步骤**

①将大闸蟹杀洗干净，用盐水泡 2 分钟，备用。

②糯米淘净，沥干水分，加精盐、味精、绍酒拌匀，同闸蟹一起摆在盘内，入蒸锅蒸 20 分钟取出，撒上葱花即成。

🔧 **操作要领**

调味料中增加鱼露汁（用鱼露、生抽、花雕酒、美极鲜酱油、白砂糖、文蛤精、葱姜蒜调成），称为糯米鱼露蒸闸蟹。

👉 **营养贴士**

蟹肉含有丰富的微量元素，因此吃螃蟹对人身体是有好处的。

视觉享受 ★★★★　味觉享受 ★★★　操作难度 ★★

艾蒿饽饽

TIME 60分钟

菜品特点
外脆内糯
香甜可口

主料： 糯米 300 克，大米 200 克，艾蒿 50 克

配料： 红糖 200 克，白糖 100 克，草碱、菜籽油各少许

操作步骤

①将两种米提前用清水浸泡 12 小时，洗净，再加清水磨成稀浆，装入布袋中吊干水分，取出放入盆内揉匀，用手扯成块，入笼蒸熟。

②艾蒿去根洗净，用沸水稍煮（煮时放草碱少许），捞出挤干水分，倒入石臼，捣成茸，加少许水，至艾蒿涨发吸干水分后，放入红糖，搅匀成糊状，放入米粉，加白糖揉匀。

③将艾蒿粉团装入方形的框内，按在案板上（注意抹菜籽油）抹平，晾凉取出，切成所需形状。

④平锅烧热，放少许油，放入艾蒿饽饽生坯，煎至两面皮脆内烫至熟即成；或者再入笼蒸熟，最后盛盘，放上装饰即可。

操作要领

煎制时要用小火，受热要均匀，注意不要煎煳。

营养贴士

艾蒿有调经止血、安胎止崩、散寒除湿之效。

主料： 莲藕 600 克，糯米 250 克

配料： 桂花 50 克，白糖 250 克

操作步骤

①莲藕洗净，擦干，较大一端往内切下 3 厘米长的段，留作帽盖。

②糯米拣去杂质，塞入大块莲藕孔内，塞九分满，将莲藕帽盖盖上，用牙签戳牢，上蒸笼蒸透（约需 2 小时）。

③莲藕取出，泡水刮皮，去掉帽盖，分切为 0.5 厘米厚片状，放入大碗中，加入桂花和白糖，再用玻璃纸封住碗口，上蒸笼用小火蒸约 90 分钟，取出，倒扣入盘中即可。

操作要领

藕空内的糯米不能塞得太满，因为糯米熟后体积会膨胀。

营养贴士

藕的营养价值很高，富含铁、钙等微量元素，植物蛋白质、维生素以及淀粉含量也很丰富，有明显的补益气血、增强人体免疫力等作用。

视觉享受 ★★★★　味觉享受 ★★★★　操作难度 ★★★★

桂花糖藕

TIME 4小时

菜品特点
风味浓郁
开胃佳品

糯米斩肉

TIME 30 分钟

菜品特点
米香肉糯
咸鲜美味

主料: 猪前夹肉泥 200 克,糯米饭 75 克

配料: 鸡蛋 1 个,葱花、姜末、淀粉、盐、酱油、味精、料酒、色拉油各适量

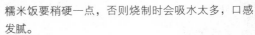
视觉享受: ★★★★★
味觉享受: ★★★★
操作难度: ★★★

操作步骤

①将糯米饭、猪肉泥、鸡蛋液、淀粉、葱花、姜末、料酒、盐调和均匀,搓成大小相同的球状,按压成饼坯。

②锅中油烧至五成热,将生坯入锅炸熟。

③原锅中加水,放入酱油、味精、葱花、姜末烧匀,投入炸好的肉饼烧约 15 分钟,水淀粉勾芡即可。

操作要领

糯米饭要稍硬一点,否则烧制时会吸水太多,口感发腻。

营养贴士

糯米具有补中益气、健脾养胃、止虚汗的功效。

小米

概述 >>>

　　小米也称粟米，古称粟、梁，是古代的"五谷"之一，也是北方人喜爱的主要粮食之一。小米因其粒小（直径约1.5毫米左右）得名，是谷子去壳后的产物，分为粳性小米、糯性小米和混合小米。谷子是谷类植物，禾本的一种，适合在干旱而缺乏灌溉的地区生长，原产于中国北方黄河流域，后发展到各地都有不同程度的种植。小米有白、红、黄、黑、橙、紫各种颜色，可用来酿酒，最主要是用来熬粥。其茎、叶较坚硬，可以作饲料，通常只有牛、马、羊等大牲畜能消化。

营养成分

　　小米是一种能量作物，所含营养成分高达18种之多，含有17种氨基酸，其中人体必需氨基酸8种，淀粉含量高达约70%，并和其他谷物一样，含有较高的钙、维生素A、维生素D、维生素C和B族维生素。小米中蛋白质的质量优于小麦、稻米和玉米，含量因类型的不同而变动很大，一般介于5%~20%之间，平均为10%~12%，但是必需氨基酸中的赖氨酸含量低。一般粮食中不含有的胡萝卜素，小米每100克含量达0.12毫克，维生素 B_1 的含量更是居所有粮食之首。

功效主治

　　小米有健脾和胃、补益虚损、和中益肾、除热解毒、滋阴养血的功效，对脾胃虚热、反胃呕吐、消渴、泄泻有辅助治疗作用，并可以防止消化不良、口角生疮、反胃、呕吐，减轻皱纹、色斑、色素沉着等病症。

小米**百合粥**

菜品特点
清心安神
养血养颜

🔘 **主料：** 小米适量，百合少许
🔘 **配料：** 冰糖少许

视觉享受：★★★★
味觉享受：★★★★★
操作难度：★★★

🔄 操作步骤

①将小米淘洗干净，百合剥开洗净。

②锅里放水，烧开后下入小米，熬煮30分钟后加入洗净的百合。

③再熬煮5分钟，加入适量冰糖，关火后即可食用。

🔥 操作要领

煮粥时一定要先烧开水然后放入小米，也要注意搅拌以防煳底。

👉 营养贴士

此粥富含各种营养素，可滋阴润燥、清热解毒，是最佳的清热粥品。

视觉享受：★★★★　味觉享受：★★★★　操作难度：★★

小米海参粥

TIME 90分钟

菜品特点
补肾益精
养血润燥

主料：小米 150 克，海参 3 只

配料：油菜薹、胡萝卜、姜丝、浓缩鸡汁、盐、白胡椒粉、香油各适量

操作步骤

①小米淘洗干净，用清水泡上；海参洗净泡发；油菜薹和胡萝卜洗净，切成碎丁。

②汤锅中放入足量水，沸腾后放入小米，滚锅后下入海参，再次滚锅后继续煮约 5 分钟，其间不停用勺子搅拌。

③加入姜丝、油菜薹碎和胡萝卜丁，盖上锅盖，转最小火熬煮约 25 分钟，开盖，加入少许浓缩鸡汁，搅拌混合，大火滚煮 2 分钟，最后撒上适量的盐，加入白胡椒粉调味，滴上几滴香油即可关火，盛碗温食。

操作要领

水要一次加足，转最小火熬煮的时候不要开盖，直至熬煮出香，最后几分钟再调味。

营养贴士

此粥有美容、消食、安胎、消炎、促进生长的功效。

主料：小米面 200 克，麻酱 50 克

配料：芝麻仁 10 克，香油、精盐、碱面、姜粉各适量

操作步骤

①将芝麻仁去杂，用水冲洗净，沥干水分，入锅炒焦黄色，擀碎，加入精盐拌和在一起。

②锅内加适量清水、姜粉，烧开后将小米面和成稀糊倒入锅内，放一点碱面，略加搅拌，开锅后盛入碗内。

③将麻酱和香油调匀，用小勺淋入碗内，再撒入芝麻盐即可。

操作要领

玉米面也可以做面茶，只不过玉米面颗粒稍粗，不如小米面细腻。

营养贴士

此面茶能补中益气、增加营养、助顺产，尤其在冬季适于产妇临产前食用。

视觉享受：★★★　味觉享受：★★★★　操作难度：★★

小米面茶

TIME 20分钟

菜品特点
简单易做
咸香可口

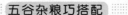

 薏米

概述 >>>

　　薏米是禾本科植物薏苡的种仁。薏苡属多年生植物，茎直立，叶披针形，它的子实卵形，白色或灰白色。薏米营养价值很高，被誉为"世界禾本科植物之王"，在欧洲，它被称为"生命健康之友"。薏米大多种于山地，如武夷山地区就有着悠久的栽培历史。古人将薏米看作自然之珍品，用来祭祀；今人把薏米视为营养丰富的盛夏消暑佳品，既可食用，又可药用。

营养成分

　　薏米富含碳水化合物，热量高于大米和小麦，且富含脂肪、蛋白质、多种氨基酸，大量的维生素 B_1、维生素 B_2 以及钙、磷、镁、钾等矿物质。可为机体储存和提供热能，维持体温和保护内脏，提供必需脂肪酸，促进脂溶性维生素的吸收，并可以促进新陈代谢，减少胃肠负担。

功效主治

　　薏米性味甘淡微寒，具有利水消肿、健脾去湿、舒筋除痹、清热排脓等功效，是常用的利水渗湿药。薏米又是一种美容食品，常食可以保持人体皮肤光泽细腻，消除粉刺、雀斑、老年斑、妊娠斑、蝴蝶斑，对脱屑、痤疮、皲裂、皮肤粗糙等有良好疗效。此外，薏米还是一种抗癌药物，初步鉴定，它对癌症的抑制率可达 35% 以上，健康人常吃薏米，能使身体轻捷，减少肿瘤发病几率。

视觉享受：★★★★　味觉享受：★★★★★　操作难度：★★★

兔肉薏米煲

TIME 4小时

菜品特点
清热润肺
美颜润肤

⊃主料： 薏米 50 克，兔肉 200 克，红枣、青豆各适量

⊃配料： 生姜 3 片，盐、姜酒各适量

操作步骤

①薏米稍浸泡，洗净；兔肉洗净，切块，置含姜酒的沸水中稍滚片刻（即氽水），洗净。

②将所有材料一起下炖盅，加足量冷开水，加盖隔水炖 3 小时即可。食用时用盐调味。

操作要领　◀◀◀

兔肉煮制之前氽水，可以去除血污和腥味。

☞ 营养贴士

兔肉含有比其他动物都多的麦芽糖、葡萄糖以及硫、钾、磷、钠等矿物元素。

⊃主料： 薏米 150 克，皮蛋 2 个，猪瘦肉 90 克

⊃配料： 鸡精、淀粉各 10 克，香油 5 克，料酒 10 克，盐、葱花、枸杞子各适量

操作步骤

①薏米洗净，浸泡 30 分钟，沥去水后倒入锅中，加入适量水煮粥。

②瘦肉浸泡出血水后洗净，切成肉丝，放盐、鸡精、料酒、淀粉，抓拌均匀后腌 10 分钟。

③皮蛋剥皮切成小丁；另用一锅，倒入少量水，煮开后将肉丝下入，用筷子拨散，煮至全部颜色变浅，捞出后用温水冲洗去浮沫，沥去水。

④待粥煮得米完全熟透，粥水比较稠后放入肉丝、皮蛋、盐、鸡精、枸杞子，再煮 1 分钟左右，用勺子不断搅动，放入香油，撒上葱花搅匀即可。

操作要领　◀◀◀

瘦肉事先用调料腌制一下有了咸鲜味，最后再和粥煮，吃起来口感会更好。

☞ 营养贴士

皮蛋能刺激消化器官，增进食欲，促进营养的消化吸收，中和胃酸，清凉，降压。

视觉享受：★★★★★　味觉享受：★★★★★　操作难度：★★

皮蛋瘦肉薏米粥

TIME 20分钟

菜品特点
肉质细嫩
鲜香味美

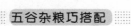

玉米

概述 >>>

　　玉米，亦称玉蜀黍、苞谷（苞谷棒）、苞米、棒子，是一年生禾本科草本植物，原产于墨西哥附近的中美洲，明代传入我国。现在是我国第一大粮食作物，也是全世界总产量最高的粮食作物，是重要的粮食作物和重要的饲料来源。在所有的主食中，玉米的营养价值和保健作用是最高的，是全世界公认的"黄金作物"，常食玉米对人体的健康有利。除食用外，玉米也是工业酒精和烧酒的主要原料。

营养成分

　　玉米的平均代谢能为每千克 14.06 兆焦，高者可达每千克 15.06 兆焦，是谷实类饲料中最高的。这主要是由于玉米中粗纤维很少，仅 2%；而无氮浸出物高达 72%，且消化率可达 90%。据研究测定，每 100 克玉米含热量 106 千卡，纤维素 2.9 克，蛋白质 4.0 克，脂肪 1.2 克，碳水化合物 22.8 克，另含矿物质元素和维生素等。玉米所含有的粗纤维，比精米、精面高 4~10 倍。

功效主治

　　玉米中含有大量的营养保健物质：维生素 B_6、烟酸等成分，具有刺激胃肠蠕动、加速粪便排泄的特性，可防治便秘、胃病、肠炎、肠癌等；维生素 C、异麦芽低聚糖等，有长寿、美容作用；天然维生素 E 有促进细胞分裂、延缓衰老、降低血清胆固醇、防止皮肤病变的功能；玉米胚尖所含的营养物质可增强人体新陈代谢，调整神经系统功能，能起到使皮肤细嫩光滑，抑制、延缓皱纹产生的作用。此外，玉米有调中开胃及降血脂、降低血清胆固醇的功效。

辣味椒麻玉米笋

视觉享受 ★★★★★ 味觉享受 ★★★★ 操作难度 ★★★

TIME 30 分钟

菜品特点
营养丰富
别具风味

● **主料：** 玉米笋罐头 1 罐
● **配料：** 植物油、盐、辣椒油、花椒、葱花、姜末、酱油、料酒、香醋、白糖各适量

操作步骤

①将玉米笋罐头打开，滗干水，把玉米笋取出摆入盘中备用。
②锅内放入植物油和花椒、葱花、姜末，炸出香味，制成花椒油。
③取一干净容器，倒入少许香醋、盐、料酒、酱油、白糖、辣椒油和制成的花椒油，混合均匀调成料汁，浇到玉米笋上即可。

操作要领

为了能尽可能炸出花椒香味，要把花椒放到油锅里"煮"一下。

营养贴士

玉米笋含有丰富的维生素、蛋白质、矿物质，营养丰富。

● **主料：** 排骨 500 克，甜玉米、山药各 300 克
● **配料：** 盐、姜各适量

操作步骤

①将排骨斩段，放水里煮开，去掉浮沫及血水后用清水冲洗备用；山药去皮后切段（也可切滚刀块）；甜玉米切段；姜切片。
②在锅中注入清水，放入姜片，烧开后放入排骨，大火烧几分钟，然后转小火煲至肉烂。
③将切好的山药和甜玉米加入汤里，大火烧开后转小火，煲至玉米、山药熟透时加入适量盐调味，再开大火烧一会儿即可关火。

操作要领

山药应尽量切得大一点。

营养贴士

此汤不仅可开胃，也能补充体力，增强身体的抵抗力，有降糖、润肺、养肾、助消化、延年益寿的功效。

山药玉米排骨汤

视觉享受 ★★★★ 味觉享受 ★★★★★ 操作难度 ★★★★

TIME 2 小时

菜品特点
汤色浓白
保留营养

鲫鱼玉米粥

TIME 70分钟

菜品特点
营养食欲
补充体力

➡ **主料：** 鲜鲫鱼 100 克，糯米、甜玉米粒各 50 克

➡ **配料：** 葱 1 根，黄酒 5 克，精盐 2 克，姜丝、胡椒粉各适量

视觉享受：★★★★
味觉享受：★★★★★
操作难度：★★★

🔄 操作步骤

①鱼肉切成长 4 厘米、厚 1 厘米的薄片，倒上黄酒，撒上姜丝，浸腌待用；葱白切丝，葱叶切葱花。

②糯米洗净，加清水共煮，开锅后放入甜玉米粒，用文火约煮 50 分钟，将浸好的鱼片下入锅内搅匀，待再开锅后停火。

③食时盛入碗内，撒上葱丝、葱花、精盐、胡椒粉搅匀即成。

🍴 操作要领

如给幼儿吃，最好将纱布缝成袋状，装好鲫鱼再煮，不要让鱼骨掉进粥里。

☞ 营养贴士

此粥可健脾消肿，适用于瘀血、水肿、骨质疏松等症。

视觉享受：★★★★★ 味觉享受：★★★★★ 操作难度：★★★

干贝烩玉米

TIME 3小时

菜品特点
滋阴补肾
味道鲜美

● **主料：** 干贝 30 克，玉米粒（鲜）200 克，鸡蛋 100 克

● **配料：** 盐、味精各 5 克，黄酒 8 克，淀粉（玉米）15 克

🥄 操作步骤

①干贝放清水中泡软后上笼蒸 2 小时，取出用手捏碎；将鸡蛋打散；玉米粒洗净备用。

②锅内放足量清水，加干贝、玉米烧开锅后，加盐、味精、黄酒，用淀粉勾芡，将鸡蛋淋入锅内即可。

🥄 操作要领

一定要选用鲜玉米粒。

👉 营养贴士

此菜适合做补虚养身食谱。

● **主料：** 玉米碴 100 克，红薯 200 克

● **配料：** 碱面 10 克

🥄 操作步骤

①红薯洗净、去皮，切成小块备用。

②锅中注入足量清水，放入切好的红薯，待锅开后下入玉米碴和碱面，搅拌均匀。

③等锅开之后，用勺子搅拌，粥会变得越来越黏稠，待红薯熟透、粥变得黏稠呈金黄色时即可。

🥄 操作要领

下玉米碴时，要慢慢地往锅里撒，这样不容易结块。

👉 营养贴士

此粥有红薯自然的香甜味道，再加上玉米的香味，好喝又营养。

视觉享受：★★★★ 味觉享受：★★★★ 操作难度：★★

红薯玉米粥

TIME 40分钟

菜品特点
香甜营养
简单易做

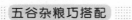

密豆炒玉米

TIME 20分钟

菜品特点
简单易学
家常小炒

- 🔴 **主料：** 玉米粒 150 克，密豆 250 克
- 🔵 **配料：** 胡萝卜 20 克，油、盐、生抽、蚝油、姜末各适量

视觉享受：★★★★
味觉享受：★★★★★
操作难度：★★★

🔄 操作步骤

①玉米粒洗净待用；密豆摘净，切小段，在开水锅中焯烫一下，迅速过凉水，然后沥干水分。胡萝卜切小丁。

②锅中倒适量油，油热后放入姜末炒香，放入玉米粒和胡萝卜丁，翻炒至八成熟。

③放入密豆段，加适量盐、生抽和蚝油调味并提鲜，翻炒均匀后出锅。

🔥 操作要领

密豆焯烫的时间不要过长，熟即可。

👉 营养贴士

玉米富含维生素 C，有长寿、美容作用。

视觉享受：★★★★★ 味觉享受：★★★★ 操作难度：★★

小窝头

TIME 60分钟

菜品特点
香甜细腻
富有营养

主料： 细玉米面、黄豆面各500克
配料： 白糖、糖桂花各适量

操作步骤
①将细玉米面、黄豆面、白糖、糖桂花一起与温水揉成面团，至面团柔韧有劲，搓成圆条，摘剂。
②取面剂放左手心里，用右手将风干的表皮揉软，再搓成圆球形状，蘸一点凉水，在圆球中间钻一小洞，由小渐大，由浅渐深，并将窝头上端捏成尖形，直到面团厚度只有一分多，内壁外表均光滑时即制成小窝头。
③将小窝头上笼用旺火蒸10分钟即成。

操作要领
与温水揉时注意把握水的用量。

营养贴士
常食玉米面，可预防心脏病和癌症。

主料： 排骨500克，甜玉米、栗子肉各适量
配料： 红枣、枸杞子各10克，葱段、姜片各5克，黄酒20克，盐、胡椒粉各适量

操作步骤
①排骨洗净冷水入锅焯烫过凉；甜玉米洗净切段，栗子用清水浸泡片刻待用；汤煲中加热水，放葱段、姜片、黄酒后再加入排骨。
②加盖大火煮开，后转小火炖煮20分钟，然后加入甜玉米、栗子肉、红枣和枸杞子，小火炖煮30分钟，加入盐和胡椒粉调味，大火煮开关火。

操作要领
排骨用冷水焯烫可以更好清除血水和异味；最好用甜玉米来煲汤，口感清透香甜。

营养贴士
玉米性平、味甘，有开胃、健脾、除湿、利尿等作用。

视觉享受：★★★★ 味觉享受：★★★★ 操作难度：★

板栗玉米煲排骨

TIME 2小时

菜品特点
健脾强筋
滋阴润燥

松子玉米粒

TIME 10分钟

菜品特点
清新爽口
香酥甜嫩

● **主料：** 甜玉米粒 200 克，松仁 50 克

● **配料：** 胡萝卜、青豆各 20 克，葱末、蒜末各 10 克，植物油、盐、鸡精、生抽、黑胡椒粉各适量

视觉享受：★★★★
味觉享受：★★★★
操作难度：★★★

操作步骤

①胡萝卜切成和玉米粒大小相仿的粒。

②大火将平底煎锅烧热，撒入松仁，调小火干焙。要用锅铲翻炒或经常晃动煎锅，使松仁滚动，颜色均匀。当焙至松仁全部为金黄色时，盛出摊在大盘中晾凉。

③热锅温油炒香葱、蒜末，倒入甜玉米粒、胡萝卜粒和青豆翻炒，加适量黑胡椒粉、盐、鸡精及少许生抽调味。

④最后撒上焙熟的松仁炒匀即可。

操作要领

玉米最好用新鲜玉米，有玉米的清甜，用罐装的玉米代替也可，千万不能用干玉米。

营养贴士

松仁所含的脂肪成分主要为亚油酸、皮诺敛酸等不饱和脂肪酸，其含量占脂肪总量的97%，有软化血管和防治动脉粥样硬化的作用。

芝麻

概述 >>>

芝麻是胡麻的籽种，是我国四大食用油料作物中的佼佼者，也是我国主要油料作物之一。芝麻产品具有较高的食用价值。它的种子含油量高达61%。我国自古就有许多用芝麻和香油制作的名特食品和美味佳肴，一直著称于世。其茎、叶、花都可以提取芳香油。香油中含有大量人体必需的脂肪酸，亚油酸的含量高达43.7%，比菜油、花生油都高。在古代，芝麻历来被视为延年益寿食品。

营养成分

芝麻含有大量的脂肪和蛋白质，还有膳食纤维、维生素 B_1、维生素 B_2、烟酸、维生素 E、卵磷脂、钙、铁、镁等营养成分。芝麻中的亚油酸有调节胆固醇的作用。从营养学看，黑芝麻、白芝麻都是营养丰富的食物。具体表现为：脂肪量丰而质优，黑芝麻的脂肪含量为46%，白芝麻为40%；维生素 E 含量很高，黑芝麻为50%，白芝麻为38%；黑芝麻的膳食纤维含量为28%，白芝麻为20%，均为高膳食纤维的食物。

功效主治

芝麻味甘性平，入肝、肾、肺、脾经，有补血明目、祛风润肠、生津通乳、益肝养发、强身健体、抗衰老、补肝益肾、润燥通便的功效，可用于治疗身体虚弱、头晕耳鸣、高血压、高血脂、咳嗽、头发早白、贫血萎黄、津液不足、大便燥结、乳少、尿血等症，并且有调节胆固醇、防治各种皮肤炎症、防止头发过早变白或脱落的作用。

芝麻神仙骨

➡ **主料**：猪排骨 700 克
➡ **配料**：干辣椒段、葱花、姜丝、精盐、酱油、五香粉、味精、熟芝麻、香油、油各适量

视觉享受：★★★★
味觉享受：★★★★★
操作难度：★★★

 操作步骤

①猪排骨斩段，焯水，在高压锅里压 20 分钟至肉烂骨出，捞出控干水分，加入姜丝、葱花、酱油、精盐，拌均匀腌 30 分钟左右。

②热锅放多些油，烧到七成热，下入腌过的排骨，煎炸至两面焦黄，加入干辣椒段翻炒。

③加入排骨汤和精盐、酱油、五香粉、味精，用中火收汁，煮至水分将干时起锅晾凉，再加入熟芝麻和香油拌匀装盘即可。

🖐 **操作要领**

煎炸的步骤改为用油炸也可。

☞ **营养贴士**

排骨有很高的营养价值，具有滋阴壮阳、益精补血的功效。

视觉享受：★★★★★ 味觉享受：★★★★★ 操作难度：★★★

芝麻软炸鸭

TIME 20分钟

菜品特点
外酥里嫩
鲜香可口

主料： 鸭脯肉200克，生芝麻50克，鸡蛋100克

配料： 淀粉50克，精盐8克，味精6克，料酒5克，胡椒粉10克，香油15克，花生油200克

操作步骤

①将鸭脯肉放在容器里，用精盐、味精、料酒、香油、胡椒粉腌15分钟；将鸡蛋和淀粉打成蛋糊。

②将鸭脯肉裹上一层蛋糊，两面粘上生芝麻，下入热油锅中炸熟捞出，食用时切成块装盘。

操作要领

因有过油炸制过程，应准备花生油约750克。

营养贴士

鸭肉的性味甘咸而平和，有滋阴养胃、利水消肿的功效。

主料： 粳米100克，鲜牛奶250克

配料： 熟黑芝麻20克，枸杞子、白糖适量

操作步骤

①粳米洗净，在冷水中浸泡30分钟左右，捞出沥干水分；枸杞子洗净。

②将粳米放入锅中，加入足量冷水，先用旺火烧开，再改用小火慢慢熬煮。

③粥将成时加入鲜牛奶、枸杞子，用中火烧沸，加入白糖搅匀，最后撒上熟黑芝麻即可。

操作要领

粥中加入牛奶后，烧开即可出锅，注意不要溢锅煳底。

营养贴士

此粥有滋阴润燥的功效。

视觉享受：★★★★ 味觉享受：★★★★ 操作难度：★★★

黑芝麻甜奶粥

TIME 60分钟

菜品特点
清淡香甜
鲜厨养生

TIME 30分钟

菜品特点
减肥润肠
强身健体

麻香紫薯球

主料: 紫薯适量
配料: 熟白芝麻适量

视觉享受: ★★★★★
味觉享受: ★★★★
操作难度: ★★

操作步骤

①紫薯洗净,去皮,切片,放入蒸锅内蒸至熟软。取出后,勺子碾压成泥。

②用手掌将紫薯泥团成小球,逐一裹满熟白芝麻即可食用。

操作要领

喜欢吃甜的可碾压紫薯泥的时候加点白砂糖。

营养贴士

紫薯含有大量药用价值高的花青素;芝麻中含有丰富的脂肪和膳食纤维。

五谷杂粮巧搭配

豆菽类

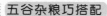

绿豆

概述 >>>

　　绿豆又名青小豆，因其颜色青绿而得名，原产印度、缅甸地区，现在东亚各国普遍种植，非洲、欧洲、美洲有少量种植，中国、缅甸等国是主要的绿豆出口国。其在中国已有2000余年的栽培历史，种子和茎被广泛食用。绿豆具有清热解毒、清暑解渴、消肿利水的功效，有较高的食用和药用价值，被誉为"济世之良谷"。在炎热的夏季，绿豆更是深受人们喜爱的消暑佳品。传统绿豆制品有绿豆糕、绿豆酒、绿豆粉皮等。

营养成分

　　与同类食物相比，绿豆的热量、蛋白质、膳食纤维、碳水化合物、钙、铁、磷、钾、镁、锰、锌、烟酸、铜、维生素E均高于平均值。在100克绿豆中，蛋白质的含量为21.6克，脂肪含量为0.8克，碳水化合物含量为55.6克，膳食纤维含量为6.4克，维生素E的含量为10.95毫克，钙的含量为81毫克，铁的含量为6.5毫克，锌的含量为2.18毫克，等等。

功效主治

　　绿豆具有降血脂、降胆固醇、抗过敏、抗菌、抗肿瘤、增强食欲、保肝护肾的药理作用。

　　绿豆粉有显著降脂作用，绿豆中含有一种球蛋白和多糖，能促进动物体内胆固醇在肝脏分解成胆酸，加速胆汁中胆盐分泌和降低小肠对胆固醇的吸收。

　　绿豆的有效成分有抗过敏作用，可辅助治疗荨麻疹等过敏反应。绿豆对葡萄球菌有抑制作用。绿豆中所含蛋白质和磷脂均有兴奋神经、增进食欲的功能。绿豆含丰富胰蛋白酶抑制剂，可以保护肝脏，减少蛋白分解，减少氮质血症，从而保护肾脏。

乌梅糕

TIME 3小时

菜品特点
入口酥化
夏令佳品

- **主料：** 绿豆 1000 克，乌梅 125 克
- **配料：** 白糖 250 克，特制豆泥（用红豆、芸豆和豌豆之类一起打的泥）适量

视觉享受：★★★★★
味觉享受：★★★★
操作难度：★★★

操作步骤

①绿豆用沸水浸泡 2 小时，放在淘箩里擦去外皮，并用清水将皮漂去，再加清水上笼蒸约 3 小时，待熟透后取出，除去水分，捣成绿豆沙。

②乌梅用沸水浸泡 3 分钟，再切成小丁或小片。

③将制糕木蒸框放在案板上，衬白纸一张，把木框按在白纸上，先放上一半绿豆沙铺均匀，撒上乌梅，中间铺一层豆泥，再将其余的绿豆沙铺上按结实，最后均匀地撒上白糖，切块盛盘食用。

操作要领

绿豆煮好后，一定要将皮漂去，再煮制成绿豆沙。

营养贴士

乌梅具有保护肠胃、消除便秘、增进食欲、解酒的功效。

51

黄豆

概述 >>>

黄豆，又名大豆，为豆科大豆属一年生草本植物，原产中国，至今已有5000年的种植史，现在全国普遍种植。在植物性食物中，唯有黄豆的高蛋白、高脂肪可与动物性食物相媲美，其蛋白质含量高达35%~40%，是猪瘦肉和牛奶的2倍，鸡蛋的3倍，有"田中之肉""植物蛋白之王""绿色牛奶"的美誉，是人们制作豆类美食不可缺少的食材。

营养成分

黄豆营养价值很高，富含蛋白质及铁、镁、钼、锰、铜、锌、硒等矿物元素，以及8种人体必需氨基酸和天门冬氨酸、卵磷脂、可溶性纤维、谷氨酸和微量胆碱等营养物质，比其他豆类含有更丰富的营养物质、蛋白质和热量。每100克烹制后的黄豆，含水分62.5%、蛋白质16.6克、脂肪9克、碳水化合物9.9克，能产生724.2千焦的热量。

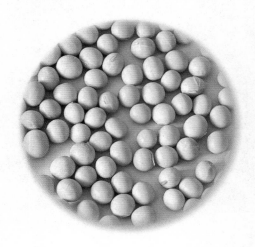

功效主治

中医认为，黄豆宽中、下气、利大肠、消水肿毒，有补脾益气、消热解毒的功效，是食疗佳品，被营养学家推荐为防治冠心病、高血压、动脉粥样硬化等疾病的理想保健品。常食黄豆，可以使皮肤细嫩、白皙、润泽，有效防止雀斑和皱纹的出现，并对增加和改善大脑机能有重要的效能。黄豆中的高含量蛋白质，可以营养肌肤、毛发，令机体丰满结实，毛发乌黑亮泽，容颜不老。黄豆还有抗癌和防治骨质疏松的功效。

黄豆酸菜煨猪手

TIME 3小时

菜品特点
汤浓味香
美颜养肤

- **主料：**猪手 750 克，黄豆 20 克，酸菜 20 克
- **配料：**盐 10 克，鸡精 2 克，味精 1 克，骨头汤 1000 克

视觉享受：★★★★
味觉享受：★★★★★
操作难度：★★★

操作步骤

①将猪手洗净斩成 3 厘米见方的块，然后入锅中汆透去血水；黄豆用水泡发；酸菜切成 5 厘米长的段。

②取一煨汤罐，加入骨头汤，放猪手、黄豆、酸菜、盐、鸡精，用微火煨 3 小时至猪手软烂离骨，加入味精调匀上桌即可。

操作要领

操作时，黄豆应提前用热水泡 1～2 小时，可去掉豆腥味。

营养贴士

此菜口感独特，富含胶原蛋白，可增加皮肤弹性。

53

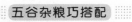

视觉享受：★★★★★ 味觉享受：★★★★ 操作难度：★★★

茄汁黄豆羊尾

TIME 90分钟

菜品特点
营养丰富
风味独特

> **主料：** 黄豆200克，羊尾适量
> **配料：** 花生油、番茄酱、料酒各10克，白糖5克，盐、味精各2克，葱花适量

操作步骤

①黄豆拣去杂质，洗净，用温水泡软，捞出控水；羊尾改成5厘米的小段，入沸水中加料酒焯一下去膻味，打掉血沫。

②花生油倒入炒锅内烧热，下黄豆、羊尾、番茄酱、盐、料酒和白糖，加适量水用大火煮滚后，改用小火烧60分钟，加味精，至汤汁收干撒葱花即可。

操作要领

黄豆一定要提前浸泡，充分泡发，不然不易煮熟。

营养贴士

此菜有美白、祛斑、降糖、抗衰老、软化血管、消食、强身健体的功效。

> **主料：** 江珧柱60克，黄豆150克，兔肉适量
> **配料：** 荸荠（去皮）10个，盐适量

操作步骤

①先将黄豆、荸荠洗净；江珧柱用清水浸软；兔肉洗净，切块。

②把黄豆、荸荠、江珧柱放入锅内，加适量清水，武火煮沸后放入兔肉，煮沸后再用文火煲3小时，用盐调味即可食用。

操作要领

黄豆洗净后，用清水浸泡20分钟，更易入味。

营养贴士

兔肉性味甘凉，有补中滋阴的作用。本汤重在养脾肾之阴而退虚热。

视觉享受：★★★★ 味觉享受：★★★★ 操作难度：★★★★

黄豆珧柱兔肉汤

TIME 4小时

菜品特点
特色靓汤
汉族名菜

芥蓝黄豆

TIME 30 分钟

菜品特点
翠绿清爽
开胃下饭

- **主料:** 芥蓝、黄豆各适量
- **配料:** 葱、姜、蒜、干辣椒、花椒各适量,植物油、香油、蚝油、白糖、盐、鸡精各少许

视觉享受: ★★★★
味觉享受: ★★★★
操作难度: ★★★

操作步骤

①葱、姜、蒜切末;干辣椒切段;将黄豆上锅煮15分钟左右至熟透。

②芥蓝洗净,入沸水中余烫,然后过凉水沥干水分,再切成小短节。

③锅倒少许植物油,小火煸香葱末、姜末、蒜末、干辣椒和花椒,在其未变煳之前捞出扔掉,再下入芥蓝和黄豆,放入各种调料(香油、蚝油、白糖、盐、鸡精)拌匀即可。

操作要领

操作时,黄豆应提前一晚浸泡至涨大。

营养贴士

芥蓝菜对肠胃热重、头昏目眩、熬夜失眠、虚火上升,或因缺乏维生素 C 而引起的牙龈肿胀出血,很有帮疗功效。

视觉享受：★★★★★ 味觉享受：★★★★★ 操作难度：★★

豆芽肉饼汤

TIME 45 分钟

菜品特点
营养丰富
口味质鲜

○ **主料：** 猪肉 250 克，黄豆芽 200 克，冬瓜 150 克，鸡蛋 50 克

○ **配料：** 酱油 8 克，姜 10 克，葱 8 克，胡椒粉、味精各 5 克，盐 10 克，淀粉 15 克

🍳 操作步骤

①姜、葱洗净切末；猪肉剁细，装入碗内，加鸡蛋、淀粉、盐、姜末、葱末，搅拌均匀成馅，做成直径约 15 厘米的肉饼；将黄豆芽掐足洗净；冬瓜去皮洗净切片备用。

②将黄豆芽、冬瓜放入装有鲜汤的锅内煮，加盐、酱油、胡椒粉、味精等调味。

③上味后，连汤带菜倒入汤碗内，将肉饼放在菜上，上笼蒸熟即成。

🍳 操作要领

生姜和葱一定要切碎，拌入肉馅后几不可见，才得此菜制作之精髓。

👉 营养贴士

此汤具有清热利湿、消肿除痹、祛黑痣、治疣赘、润肌肤的功效。

○ **主料：** 黄豆芽 420 克，韭菜 100 克

○ **配料：** 盐 4 克，香醋 5 克，胡椒粉 2 克，植物油适量

🍳 操作步骤

①韭菜洗净、切段；黄豆芽洗净备用，入干锅煸炒至软，盛起。

②锅中油热，下黄豆芽翻炒，加入韭菜段，滴几滴香醋，炒匀。

③加盐及胡椒粉，翻炒均匀即可。

🍳 操作要领

豆芽和韭菜属于易熟原料，只需翻炒一会儿即可。

👉 营养贴士

黄豆芽有清热利湿、利尿解毒、通便的功效；韭菜有温肾助阳、健脾益胃、行气理血的功效。

视觉享受：★★★★ 味觉享受：★★★★ 操作难度：★

黄豆芽炒韭菜

TIME 15 分钟

菜品特点
养心养肝
益气固肾

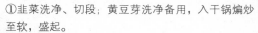

香浓黄豆锅

TIME 40 分钟

菜品特点
滋味鲜美
肉质清嫩

○ **主料:** 浸泡好的黄豆 100 克,汆烫好的白菜叶 200 克,牛肉片 80 克,洋葱泥 60 克

○ **配料:** 葱花 45 克,青辣椒丝、红辣椒丝各 30 克,小鱼干昆布高汤 1000 克,盐香油各 5 克,拌菜调味酱(虾酱 45 克,蒜末 15 克,辣椒粉 10 克,芝麻盐、胡椒粉、香油各少许),汤调味料适量

视觉享受: ★★★★
味觉享受: ★★★★★
操作难度: ★★★

操作步骤

① 榨汁机内放入泡好的黄豆,放入比黄豆量略少的清水,磨成黏稠的黄豆泥。

② 烫好的白菜切成 4 厘米的段,拌菜调味酱调匀,取适量与白菜拌匀。

③ 陶锅内放入香油,六成热时放入洋葱泥、牛肉片小火翻炒 3 分钟,放小鱼干昆布高汤小火煮滚,加入白菜叶小火烧开,放盐、葱花和剩余的拌菜调味酱,小火烧开放入黄豆泥,烧至汤沸,撒青辣椒丝、

红辣椒丝上桌,跟拌好的汤调味料食用。

操作要领

汤调味料由辣椒粉 30 克,酱油、小鱼干昆布高汤各 15 克,蒜末 10 克,芝麻盐、香油各少许调制而成。

营养贴士

大豆营养全面,含量丰富;白菜的营养价值高,可以退烧解热、止咳化痰。

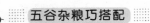

视觉享受 ★★★★ 味觉享受 ★★★★ 操作难度 ★★★

毛豆仁烩丝瓜

TIME 15分钟

菜品特点
食材简单
清淡鲜美

> **主料**：丝瓜 300 克，毛豆仁 200 克
> **配料**：姜片、葱花、白糖、盐、高汤、油各适量

🍴 操作步骤

①丝瓜洗净去皮切滚刀块；毛豆仁入沸水中加少许盐煮 5 分钟至熟。

②锅置火上，倒适量油烧热，爆香姜片、葱花，倒入丝瓜中火翻炒，加入毛豆仁翻炒均匀。

③倒入高汤（没过丝瓜即可），煮至汁水黏稠，加盐和白糖调味，盖上锅盖大火焖 2 分钟后，开盖略收汤即可。

🔥 操作要领

丝瓜的味道清甜，烹煮时不宜加酱油和豆瓣酱等口味较重的酱料。

👉 营养贴士

在瓜类食物中，丝瓜所含各类营养较高，且含有具有一定特殊作用的特殊物质。

> **主料**：猪油渣、腊八豆各适量
> **配料**：青葱、红尖椒、姜蒜末、辣椒粉、油、盐、生抽、老抽各适量

🍴 操作步骤

①青葱去须洗净，葱白、蒜叶分别切成厘米等宽的细圈；红尖椒去蒂洗净，切细圈。

②坐锅热油，爆香姜蒜末，入红椒圈略翻炒，加适量腊八豆，小火煸出香味，入葱白，略翻炒，加入猪油渣，放少量辣椒粉、盐、生抽、老抽，沿着锅边淋少许温水，略翻炒，加入葱叶，炒至断生即可。

🔥 操作要领

带皮的猪油渣放久后，口感有点硬，可以在煮饭时，饭熟后，放在电饭煲里用饭温热一下，回软后再炒。

👉 营养贴士

油渣主要成分为多种脂的混合物，含有大量脂肪，属于饱和脂肪酸。

视觉享受 ★★★★★ 味觉享受 ★★★★ 操作难度 ★★★

腊八豆炒油渣

TIME 15分钟

菜品特点
香辣可口
美味下饭

慢焖茄豆

TIME 30分钟

菜品特点
家常菜肴
鲜咸可口

➡ **主料:** 黄豆100克,茄子400克

➡ **配料:** 葱白、香菜各10克,花椒5克,酱油、香油各3克,精盐2克,味精1克

视觉享受: ★★★★
味觉享受: ★★★★
操作难度: ★★★★

🌀 操作步骤

①将茄子连皮切成块;葱白切丝;香菜切段。
②将黄豆、花椒放入砂锅,加水烧至八成熟,拣出花椒,放入茄子,加适量水,烧开后改微火。
③茄子变软后放酱油、精盐,再烧至软透,离火后放香菜、葱白丝、味精,淋上香油即可。

🍴 操作要领

选茄子的时候,应选择新鲜茄子,最好不要选择老茄子。

🍴 营养贴士

常吃茄子对慢性胃炎、肾炎水肿等疾病都有一定的治疗作用。

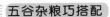

豆腐

概述 >>>

　　豆腐是汉族传统食品，是西汉淮南王刘安发明的绿色健康食品，是最具有代表性的豆制品之一。豆腐使人体对大豆蛋白的吸收和利用变得更加容易。其柔软变通的特性给烹饪开辟出极大的创造空间，也因此被制作出品类繁多的菜肴，以适应不同地区人们的口味和喜好。时至今日，豆腐已有 2100 多年的历史，不仅深受我国人民、周边各国及世界人民的喜爱，而且品种齐全、花样繁多，更具有风味独特、制作工艺简单、食用方便等特点。

营养成分

　　豆腐营养极高，含铁、镁、钾、烟酸、铜、钙、锌、磷、叶酸、维生素 B_1、蛋黄素和维生素 B_6。每 100 克结实的豆腐中，水分占 69.8%，含蛋白质 15.7 克、脂肪 8.6 克、碳水化合物 4.3 克和纤维 0.1 克，能提供 611.2 千焦的热量。豆腐里的高氨基酸和蛋白质含量使之成为谷物很好的补充食品。豆腐脂肪的 78% 是不饱和脂肪酸并且不含有胆固醇，素有"植物肉"之美称，消化吸收率达 95% 以上。

功效主治

　　豆腐为补益清热养生食品，常食可补中益气、清热润燥、生津止渴、清洁肠胃，适于热性体质、口臭口渴、肠胃不清、热病后调养者食用。经现代医学证实，豆腐不仅具有增加营养、帮助消化、增进食欲的功能，而且对齿、骨骼的生长发育也颇为有益，能防治骨质疏松症，并可增加血液中铁的含量，且不含胆固醇，是高血压、高血脂、高胆固醇症及动脉硬化、冠心病患者的药膳佳肴。

TIME 25分钟

菜品特点
香辣可口
营养丰富

湘辣豆腐

➡主料: 豆腐300克

➡配料: 红椒、干辣椒各2个，香葱1棵，蒜末10克，食用油500克（实耗40克），酱油10克，豆豉20克，精盐、白糖各5克，味精3克

视觉享受：★★★★
味觉享受：★★★
操作难度：★★★

🍳 操作步骤

①豆腐切成四方小块；红辣椒去籽、切丁；香葱切葱花；干辣椒切段。

②炒锅烧热放食用油，放入豆腐块，炸黄捞出备用。

③炒锅留底油，下入蒜末、红辣椒丁、干辣椒段和豆豉，倒入炸过的豆腐，加入酱油、白糖、精盐、

味精炒匀，出锅撒上葱花即可。

🔥 操作要领

豆腐不要炒得时间过长。

👉 营养贴士

此菜具有降压降脂的功效。

视觉享受：★★★★ 味觉享受：★★★★ 操作难度：★★★

鸭血豆腐汤

TIME 30分钟

菜品特点
调理贫血
养颜美容

主料： 北豆腐、鸭血、生菜各适量
配料： 香油、盐、鸡精各适量

操作步骤

①将北豆腐、鸭血冲洗干净，切成厚度适中的薄片，并分别进行焯水，以去除腥味儿；把生菜叶子一片片掰开，冲洗干净，放入开水中焯一下，捞出。
②砂锅中放适量水，倒入北豆腐和鸭血，锅开后煮5分钟，待豆腐完全熟透时放入生菜。
③放入适量盐、鸡精、香油调味即可。

操作要领

一种材料焯水后，必须换水后方能焯另一种材料。

营养贴士

豆腐能补脾益胃；鸭血具有清洁血液、解毒的功效。幼儿食用此汤，既能补充蛋白质，又能补铁、护肝。

主料： 豆腐150克，香菇120克
配料： 黄瓜100克，胡萝卜50克，姜末5克，盐、味精、蚝油、老干妈辣酱、色拉油各适量

操作步骤

①豆腐、香菇、黄瓜、胡萝卜切丁，焯水，控水待用。
②锅放色拉油烧热，下姜末、老干妈辣酱、蚝油炒香，倒入四丁，加盐、味精调味，炒匀即可。

操作要领

四丁在炒之前，最好都用开水焯一下。

营养贴士

此菜具有预防心血管疾病、促进骨骼发育、提高机体免疫力、抗衰老、明目等功效。

视觉享受：★★★★ 味觉享受：★★★★ 操作难度：★

素炒酱丁

TIME 20分钟

菜品特点
香辣滋味
营养丰富

蛋黄炖豆腐

菜品特点
新鲜滑嫩
风味独特

➤ **主料:** 豆腐 50 克,咸鸭蛋 2 个
➤ **配料:** 干香菇 1 个,姜 10 克,葱花、盐、植物油各适量

视觉享受：★★★★
味觉享受：★★★★
操作难度：★★★

操作步骤

①豆腐切成小方块;咸蛋黄碾成泥;干香菇泡热水后切成块备用;姜切成丝备用。
②在沸水锅中放入盐、豆腐,煮约 1 分钟后装盘。
③锅中放油烧至温热,放入姜丝炒香,再放入香菇和碎蛋黄,不断翻炒,加水烧开。
④蛋黄成泡沫状时起锅浇到豆腐上,撒葱花即可。

操作要领

豆腐先用开水焯一下,会更加嫩滑。

营养贴士

此菜具有瘦身的功效。

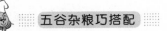
视觉享受：★★★★　味觉享受：★★★★　操作难度：★★★★

老豆腐炖鲶鱼

TIME 45分钟

菜品特点
补气油润
催乳开胃

> **主料：** 老豆腐500克，鲶鱼1500克
> **配料：** 干辣椒、蒜、香菜、油、盐、白醋、生抽、豆瓣酱各适量

操作步骤

①把鲶鱼剁成1~1.5厘米的鱼段，加入10克盐和50克白醋，反复搓洗，直到无黏液为止，清水洗净；老豆腐切厚片；蒜、香菜切末。

②热锅冷油，油热后，放入干辣椒和蒜末爆香，将鲶鱼倒入锅中翻炒几下，倒入豆瓣酱翻炒均匀。

③倒入生抽，翻炒均匀后加水，放入老豆腐，开中火炖至老豆腐起孔，再炖10分钟后放入香菜即可出锅。

操作要领

洗鲶鱼时，一定要将鱼卵清除掉，因为鲶鱼卵有毒，不能食用。

营养贴士

此菜有安神、补钙、补血、消炎、健脑、增强体质、软化血管的作用。

> **主料：** 猪肥瘦肉200克，老豆腐400克
> **配料：** 胡萝卜、荸荠、香菇、小白菜各50克，葱花、盐、鸡精、胡椒粉、鲍鱼汁、酱油、香油各适量

操作步骤

①猪肉剁成泥；胡萝卜、香菇、荸荠、小白菜均切成碎丁。

②将肉泥与所有碎丁放在一起，加入盐、鸡精、胡椒粉，搅拌均匀成馅。

③将豆腐切成小方块，中间用小勺挖一个洞，把调好的馅放进洞内；上蒸锅蒸10分钟。

④出锅后，撒上葱花，浇上适量鲍鱼汁、酱油、香油即可。

操作要领

蒸制时间不要太长，以免影响外观及口感。

营养贴士

此菜具有益气、补虚等功效。

视觉享受：★★★　味觉享受：★★★★★　操作难度：★★★

清蒸镶豆腐

TIME 30分钟

菜品特点
口味鲜嫩
肉香蔬花

TIME 10 分钟

菜品特点
汤清香醇
香辣可口

酸菜煮豆泡

> **主料:** 豆泡 180 克,酸菜 150 克

> **配料:** 红泡椒 2 个,朝天辣泡椒 4 个,盐、味精、姜末、蚝油、植物油、清汤各适量

视觉享受:★★★
味觉享受:★★
操作难度:★★

操作步骤

①豆泡用温水泡胀;酸菜切小段;红泡椒切段。
②锅中放植物油烧热,下姜末、红泡椒炒香;然后加清汤,用盐、味精、蚝油调味;再下酸菜、朝天辣泡椒、豆泡煮约 5 分钟即成。

操作要领

豆泡提前用温水泡胀,可以减少做菜时间。

营养贴士

此菜具有增进食欲、帮助消化的功效。

65

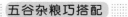

文思豆腐羹

视觉享受：★★★★★　味觉享受：★★★★★　操作难度：★★★

TIME 20分钟

菜品特点：软嫩清醇 异常鲜美

主料： 豆腐1块，泡发冬菇、火腿、冬笋、木耳菜各适量

配料： 盐、高汤、水淀粉各适量

操作步骤

①将豆腐切丝，放入清水中（用筷子轻轻搅动）；泡发冬菇、冬笋、火腿、木耳菜各切细丝。其中，笋丝切好后应在沸水锅中余烫片刻捞出。

②锅中加入高汤，下入冬菇丝、冬笋丝、火腿丝，待汤煮沸时加入豆腐丝，用少许盐调味。

③分次倒入水淀粉烧烩一下，待汤汁变得透亮浓稠时撒入木耳菜丝即可。

操作要领

配料可按自己喜欢的加，但要可以切丝的，不要切块的。

营养贴士

冬笋具有丰富的营养价值和医药功能，质嫩味鲜，清脆爽口，能促进肠道蠕动，既有助于消化，又能预防便秘和结肠癌的发生。

主料： 豆渣400克，面粉250克

配料： 食用油50克，白糖45克，鸡蛋2个，奶粉15克，苏打粉3克，泡打粉、黑芝麻各适量

操作步骤

①豆渣放入净盆内，放入鸡蛋液、白糖、食用油和混合过筛后的奶粉、苏打粉、泡打粉，拌匀成面糊。

②烤箱预热到200℃，将面糊用勺子在油纸上摊成拳头大的小饼，上撒适量黑芝麻，放入烤箱中，烤25分钟左右即可。

操作要领

小饼注意大小薄厚的匀称，否则会受热不均。

营养贴士

豆渣能降低血液中胆固醇含量，减少糖尿病人对胰岛素的消耗。

豆渣香酥饼

视觉享受：★★★★★　味觉享受：★★★★　操作难度：★★★

TIME 20分钟

菜品特点：清香可口 营养丰富

芝麻豆腐丸子

TIME 40分钟

菜品特点
豆香怡人
安神养胃

主料： 北豆腐半盒，猪肉馅 100 克

配料： 芹菜碎、蒜末各少许，淀粉 10 克，油、白胡椒粉、盐、生抽、香油、白芝麻各适量

视觉享受：★★★★★
味觉享受：★★★★
操作难度：★★★

操作步骤

①用叉子将豆腐压碎，挤干水分，和猪肉馅混合，再加入芹菜碎、蒜末、白胡椒粉、盐、生抽、香油和淀粉，搅拌成肉馅。

②将肉馅揉成小丸子，放进盛白芝麻的小碗中，摇晃小碗使丸子表面均匀地裹上一层白芝麻，依次做好所有丸子。

③锅中倒入适量油，烧热后放入丸子，炸熟后捞出即可。

操作要领

炸丸子时，油温要热，火候要小。炸好的丸子可以放在吸油纸上吸干油分。

营养贴士

豆腐有增加营养、帮助消化、增进食欲的功能。

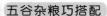
红豆

概述 >>>

　　红豆，原产于中国，是秋季成熟的常见杂粮，煮熟后会变得非常柔软，而且有着独特的甜味，是东方人不可缺少的食物之一。红豆营养价值高，每逢年节喜庆时，都会被制成各种食品，作为吉利、祝福的象征。在古代文学中，红豆常用来象征相思，因此又称相思豆。又因其富含淀粉，故又被人们称为"饭豆"，具有"利小便、消胀、除肿、止吐"的功能，被李时珍称为"心之谷"，是一种高营养、多功能的杂粮。

营养成分

　　红豆每 100 克含水分 12.6 克，蛋白质 20.2 克，脂肪 0.6 克，碳水化合物 63.4 克，膳食纤维 7.7 克，维生素 A 13 微克，胡萝卜素 80 微克，硫胺素 0.16 毫克，核黄素 0.11 毫克，烟酸 2 毫克，维生素 E 14.36 毫克，钙 74 毫克，磷 305 毫克，钾 860 毫克，钠 2.2 毫克，镁 138 毫克，铁 7.4 毫克，锌 2.2 毫克，硒 3.8 微克，铜 0.64 毫克，锰 1.33 毫克。

功效主治

　　中医认为，红豆性平味甘、酸，无毒，有滋补强壮、健脾养胃、利水除湿、和气排脓、清热解毒、通乳汁和补血的功能。不仅可用于跌打损伤，瘀血肿痛，且对于一切痈疽疮疥及赤肿（丹毒）有消毒功用，特别有利于各种特发性水肿病人的食疗。现代研究认为，红豆中含有多量治疗便秘的纤维及促进利尿作用的钾，这两种成分均可将胆固醇及盐分等对身体不必要的成分排泄出体外，因此具有解毒的效果。

小豆凉糕

TIME 90 分钟

菜品特点
清凉爽爽
甜甜蜜蜜

➡ **主料**：红小豆适量
👌 **配料**：红糖、琼脂各适量

视觉享受：★★★★
味觉享受：★★★★
操作难度：★★★

🌀 操作步骤

①红小豆先浸泡一天，多加些水煮至软烂，加红糖，捞出过筛成泥，红豆汤待用；琼脂泡软。
②将红豆汤倒入过筛的红豆泥中调匀，上火煮，同时放入泡软的琼脂，待琼脂煮化，搅拌均匀后离火，稍晾凉后装入容器，放冰箱冷藏至凝固即可。

🥄 操作要领

煮红豆时多加水，最后可以盛出一些来，加红糖喝红豆汤。

👉 营养贴士

此糕是一道传统名点，制作简单，冰凉清甜、解暑祛湿，适合夏天食用。

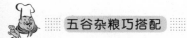

视觉享受：★★★★★ 味觉享受：★★★★ 操作难度：★★★★

红豆糕

TIME 60分钟

菜品特点
糯香清甜
晶莹如玉

- **主料：** 糯米粉 120 克，红豆沙 150 克
- **配料：** 澄粉 50 克，玉米油、白糖各适量

操作步骤

①糯米粉和白糖混合，倒入清水揉匀；将开水冲到澄粉上烫熟，然后揉到糯米团中，加入玉米油，将面团揉至顺滑。

②将红豆沙和糯米团充分地揉到一起，注意不要有豆沙颗粒。

③用模具压出造型，摆放在刷了薄薄一层玉米油的盘子上，冷水上锅蒸 15 分钟即可。

操作要领

清水和白糖应酌量添加，注意含水量和甜度。

营养贴士

此糕点具有利尿调理、高血压调理、水肿调理、便秘调理等功效。

- **主料：** 红豆 40 克，南瓜 300 克
- **配料：** 葱、姜各适量，油、盐、味精各少许

操作步骤

①红豆洗净，在水中泡一晚上；南瓜洗净，削皮，切成 3 厘米见方的小块；葱、姜切成末。

②锅上火，倒油，油烧至五成热时（不要等锅冒烟）下葱姜末炒香，下入泡软的红豆和南瓜，炒至红豆发沙，南瓜有透色。

③加入适量的水，煮至汤色为想要的浓度，加盐、味精调味即可。

操作要领

炒的时间要长，煮的时间要短，调料要少放，这样可以保证口感沙软，汤质清爽且南瓜不走形。

营养贴士

红豆富含淀粉，具有利小便、消胀、除肿、止吐的功能。常吃南瓜，可使大便通畅，肌肤丰美，有美容作用。

视觉享受：★★★★ 味觉享受：★★★★★ 操作难度：★★★

红豆煮南瓜

TIME 60分钟

菜品特点
口感软糯
香甜可口

滋颜祛斑汤

TIME 2小时

菜品特点
清心安神
祛斑美容

> **主料：** 绿豆、红豆、百合各30克
> **配料：** 糖适量

视觉享受：★★
味觉享受：★★★
操作难度：★★

操作步骤
①将绿豆、红豆、百合洗净，用清水浸泡30分钟。
②锅中加适量清水，放入泡好的材料，大火煮滚后，改以小火煮到豆烂。
③依个人喜好，加糖调味即可。

操作要领
也可以用盐调味。

营养贴士
此汤有润肤祛斑、美容养颜、消暑解渴、清热解毒的功效。

71

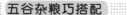

蚕豆

　　蚕豆属于豆科植物蚕豆的成熟种子，起源于西南亚和北非，相传西汉张骞自西域引入中国，因而又称胡豆、佛豆、川豆、罗汉豆，是粮食、蔬菜和饲料、绿肥兼用作物。蚕豆营养价值丰富，从嫩苗到老熟的种子都可作为蔬菜食用。由于它的豆荚形状像老蚕，又成熟于养蚕季节，所以叫蚕豆。在豆类蔬菜中，蚕豆是重要的食用豆之一，既可以炒菜、凉拌，又可以制成各种小食品，还可以制成酱、酱油、粉丝、粉皮等，是一种大众食物。

营养成分

　　蚕豆中碳水化合物含量为 47%~60%，蛋白质含量在日常食用的豆类中仅次于大豆，还含有大量钙、钾、镁、维生素 C 等，并且氨基酸种类较为齐全，赖氨酸含量尤为丰富。

功效主治

　　蚕豆中含有调节大脑和神经组织的重要成分钙、锌、锰、磷脂等，并含有丰富的胆石碱，有增强记忆力的健脑作用。蚕豆中的钙，有利于骨骼对钙的吸收与钙化，能促进人体骨骼的生长发育。蚕豆中的蛋白质含量丰富，且不含胆固醇，可以提高食品营养价值，预防心血管疾病。蚕豆中的维生素 C 可以延缓动脉硬化。蚕豆皮中的膳食纤维有降低胆固醇、促进肠蠕动的作用。现代人还认为蚕豆是抗癌食品之一，有预防肠癌的作用。

TIME 30 分钟

菜品特点
健脾益气
养胃佳品

蚕豆素鸡汤

- **主料：**素鸡 200 克，蚕豆 100 克，金针菇 100 克
- **配料：**香菇 10 朵，香油、盐、味精各适量

视觉享受 ★★★★
味觉享受 ★★★★
操作难度 ★★★

操作步骤

①香菇与金针菇洗净，放入温水中稍泡；蚕豆剥皮洗净；素鸡切均匀的片。

②香油入热锅内，下入素鸡丝，炒至泛白时加清水，放蚕豆、金针菇、香菇共煮至熟，加适量盐和味精调味即可。

操作要领

盐、味精不必加太多，以保持汤的鲜味。

营养贴士

素鸡中含有丰富蛋白质，营养价值较高。

73

视觉享受：★★★★　味觉享受：★★★★　操作难度：

鱼香蚕豆

TIME 20 分钟

菜品特点
做法简单
滋味丰富

→ **主料：** 新鲜蚕豆适量
→ **配料：** 红椒 1 个，姜末 5 克，香麻油、酱油、醋、白糖、盐、蘑菇精、植物油各适量

操作步骤

①将新鲜蚕豆剥好；红椒切成小丁备用。
②将香麻油、酱油、醋、白糖、盐、蘑菇精、姜末连同红辣椒丁倒入小碗中，兑成鱼香味汁待用。
③旺火起锅热植物油，将蚕豆倒入锅中翻炒，待蚕豆的外皮略有酥脆时，趁热倒入调好的味汁，待蚕豆入味后即可出锅。

操作要领

蚕豆剥出来最好马上就用，放时间久了，豆皮会变老。

营养贴士

蚕豆含 8 种必需氨基酸，营养价值丰富。

→ **主料：** 蚕豆 500 克，泡酸青菜 100 克
→ **配料：** 泡椒 4 个，盐、味精、植物油各适量

操作步骤

①将蚕豆剥皮，分成两瓣，洗净，沥干水分；酸菜洗净切碎；泡椒切段。
②热锅倒入植物油，油热后倒入蚕豆瓣和泡椒段，翻炒 1 分钟左右倒入酸菜，继续翻炒 2 分钟后加入盐和味精即可。

操作要领

蚕豆要选新鲜、老嫩适中的。

营养贴士

此菜有软化血管、防脂肪肝、助消化、健脑、促进生长、预防疾病的作用。

酸菜蚕豆瓣

TIME 15 分钟

菜品特点
开胃佳肴
营养全面

扁豆

概述 >>>

　　扁豆，别名南扁豆，一年生草本植物，茎蔓生，小叶披针形，花白色或紫色，荚果长椭圆形，扁平，微弯。种子白色或紫黑色。扁豆耐旱力强，对土壤适应性广，在排水良好而肥沃的沙质土壤中种植能显著增产，我国各地广泛栽培。其营养成分相当丰富，嫩荚是普通蔬菜，种子可入药，主治补养五脏，止呕吐，具有明目、消炎、清肝的功效，长期服食，可使头发不白，是一种药用和食用价值兼具的食材。

营养成分

　　扁豆营养成分丰富，含有蛋白质、纤维、维生素 A、维生素 B_1、维生素 B_2、维生素 C 和氰甙、酪氨酸酶等，还含有蔗糖、棉子糖、葡萄糖、半乳糖、果糖等物质。

功效主治

　　扁豆味甘、性平，归胃经，气清香而不串，性温和而色微黄，与脾性最合，具有健脾、和中、益气、化湿、消暑的功效，主治脾虚兼湿热、食少便溏、湿浊下注、妇女带下过多、暑湿伤中、吐泻转筋等症。扁豆衣就是扁豆的种皮，性味功用与扁豆类似，只是效力逊于扁豆而已。扁豆花，就是扁豆的花，有化湿解暑的功效，可用于夏季减缓暑湿、发热、心烦、胸闷、吐泻等症状。

酿焖扁豆

TIME 40分钟

菜品特点
鲜咸适口
酱香浓郁

▶ **主料：** 扁豆、肉馅各适量

🥄 **配料：** 葱姜蒜末、盐、味精、白糖、酱油、料酒、水淀粉、八角、黄酱、油各适量

视觉享受：★★★★★
味觉享受：★★★★
操作难度：★★

🍳 操作步骤

①将肉馅加葱姜蒜末、水淀粉、白糖、盐、料酒、味精调味搅拌上劲备用；将豆角从中间切开，逐个酿入肉馅。

②锅中加油烧热，炒香黄酱、八角，调入料酒、酱油、白糖、清水，烧开后用水淀粉勾芡即成酱汁。

③坐锅点火倒油，将豆角放入煎至表面微黄，焖制片刻后淋入炒好的黄酱汁即可。

🥢 操作要领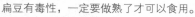

扁豆有毒性，一定要做熟了才可以食用。

🏮 营养贴士

扁豆对消化不良、急慢性肠胃炎、腹泻都有很不错的食疗作用。

视觉享受：★★★★ 味觉享受：★★★★ 操作难度：★★★

扁豆肉丝

TIME 15分钟

菜品特点
白绿相间
色泽美观

⊃ **主料：** 扁豆 100 克，瘦猪肉 50 克

⊃ **配料：** 红椒 30 克，高汤 60 克，水淀粉 10 克，植物油适量，精盐、料酒、味精、葱、姜各少许

操作步骤

①将扁豆择去两头，清洗干净，切丝，用开水烫透，捞出控净水分；红椒、葱、姜切丝。

②将瘦猪肉洗净，切丝后放入碗内，用水淀粉、精盐上浆，用热锅温油滑散捞出。

③锅内倒入适量植物油，烧热后下入葱、姜丝炝锅，放肉丝、扁豆丝、红椒丝煸炒一下，加入高汤、精盐、料酒、味精调味，待开时用水淀粉勾芡即成。

操作要领

扁豆要烧熟，煮透，防止食物中毒；此菜不宜放酱油。

营养贴士

扁豆具有健脾化湿、清肝明目、利尿消肿的作用，与猪肉相配，营养价值更高，有利于生长发育。

⊃ **主料：** 扁豆 100 克，鸡蛋 100 克

⊃ **配料：** 盐、调和油各适量

操作步骤

①扁豆去头尾和筋，洗净后斜切成细丝；鸡蛋磕入碗中，加盐打散。

②锅中放调和油，烧热后放入扁豆丝和少量的盐，炒熟后盛出；锅中倒少量油烧热，倒入蛋液快速翻炒。

③再将扁豆倒入锅中，与鸡蛋一起炒匀即可。

操作要领

根据个人喜好，也可将炒熟的鸡蛋直接盛到豆角丝上。

营养贴士

此菜有益肠道、镇静安神、抗衰老、软化血管、消食、补血、防癌、健脑的功效。

视觉享受：★★★★ 味觉享受：★★★★★ 操作难度：★★★

扁豆丝炒鸡蛋

TIME 10分钟

菜品特点
蛋香四溢
清爽味美

TIME 15分钟

金沙四季豆

菜品特点
夏季养生
消暑清口

- **主料：** 四季豆300克，咸鸭蛋黄2个
- **配料：** 姜蒜末、糖、米酒、白胡椒粉、油各适量

视觉享受：★★★★
味觉享受：★★★★
操作难度：★★

🍳 操作步骤

①将四季豆的粗筋剥除，切成段，放入开水锅中汆烫到软，捞出后浸泡在凉开水里；咸鸭蛋黄切碎粒。

②锅热适量油，爆香姜蒜末，放入切碎的咸鸭蛋黄，用中小火炒到微微起泡沫，加少许米酒、糖及白胡椒粉。

③放入沥干的四季豆，拌炒均匀即可关火。

🔥 操作要领

为防止中毒，四季豆一定要焯熟。

🍴 营养贴士

食用四季豆可以提高肌肤的新陈代谢，促进机体排毒，令肌肤常葆青春。

豌豆

概述 >>>

豌豆属于豆科植物，起源于亚洲西部、地中海地区和埃塞俄比亚、小亚细亚西部，在我国已有 2000 多年的栽培历史，现在各省均有栽培。豌豆可作主食，豌豆磨成豌豆粉是制作糕点、豆馅、粉丝、凉粉、面条、风味小吃的原料。豌豆的嫩荚和嫩豆粒可作菜用也可制成罐头。新鲜豌豆圆润饱满，色泽翠绿，常用作配菜，尤其适合与富含氨基酸的食物一起烹调，可以明显提高豌豆的营养价值。但豌豆粒多食易发生腹胀，因此不宜长期大量食用。

营养成分

豌豆富含人体所需的各种营养物质，尤其是含有大量优质蛋白质、维生素 C 和胡萝卜素，也含有脂肪、粗纤维、维生素 B_1、维生素 B_2、钙、磷、钠、铁等，可以增强机体免疫功能，提高机体的抗病能力和康复能力，降低人体癌症的发病率。

功效主治

豌豆味甘、性平，归脾、胃经，有益中气、止泻痢、调营卫、利小便、消痈肿、解乳石毒的功效，对脚气、痈肿、乳汁不通、脾胃不适、呃逆呕吐、心腹胀痛、口渴泄痢等病症有一定的食疗作用。同时，豌豆还有调和脾胃、清洁大肠、抗菌消炎、调颜养身、防癌治癌、增强新陈代谢的功能。

青豆粉蒸肉

菜品特点
糯而清香
酥而爽口

➡ **主料**：五花肉 500 克，青豌豆 250 克，蒸肉粉 100 克

🥢 **配料**：姜米 10 克，醪糟汁 50 克，甜酱 10 克，胡椒粉 3 克，菜籽油 50 克，清汤 100 克，酱油、麻油各 15 克，味精、盐、白糖、葱花各适量

视觉享受：★★★★
味觉享受：★★★★★
操作难度：★★★

🍴 操作步骤

①五花肉切成 6 厘米长、2 厘米宽的薄片，用盐、胡椒粉、味精、醪糟汁、白糖、酱油、甜酱、姜米拌匀码味，然后加入蒸肉粉，用清汤拌匀，再加入生菜籽油。

②青豌豆入沸水，出水沥干，放在蒸碗底，上面摆上拌好的五花肉。上笼用旺火蒸 60 分钟，待豆软肉烂时取出扣于圆盘内，撒上葱花，淋上麻油即可。

🥄 操作要领

五花肉切之前要去残毛、洗净。

👉 营养贴士

青豆富含不饱和脂肪酸和大豆磷脂，有保持血管弹性、健脑和防止脂肪肝形成的作用。

视觉享受：★★★★ 味觉享受：★★★★ 操作难度：★★★

青豆烧兔肉

TIME 15分钟

菜品特点
健脾益胃
清热降压

主料： 兔肉250克，青豆120克

配料： 胡萝卜30克，姜末5克，白酒2克，盐3克，酱油5克，芡粉、油各适量

操作步骤

①将青豆去壳，留用豆粒，洗净；胡萝卜洗净，切丁；兔肉洗净，切成小丁。

②起油锅，下兔肉丁炒至熟取出。

③另起油锅下青豆粒、盐炒至熟，下兔肉丁、胡萝卜丁、姜末，溅白酒，下酱油炒片刻，用芡粉勾芡即可。

操作要领

一定要选用新鲜兔肉烹饪。

营养贴士

此菜可防治高血压病、高脂血病、动脉粥样硬化症。

主料： 鲜豌豆200克，青鱼150克，胡萝卜150克

配料： 鸡蛋50克，姜片、葱段各8克，盐15克，淀粉（玉米）10克，胡椒粉、味精各5克，香油、料酒各8克，植物油20克

操作步骤

①将胡萝卜去皮，切成豌豆大的丁，用开水焯熟，冷水泡凉；鲜豌豆开水焯熟，泡凉。

②将鱼去骨、去皮，切成豌豆大的丁，用料酒、盐、胡椒粉腌15分钟。再用蛋清加干淀粉调成糊，将鱼丁拌匀；锅内油烧三成热，入鱼粒炒匀盛出。

③炒锅内下油，将姜片、葱段炒出香味，加水稍煮，捞去姜、葱，放入豌豆、胡萝卜丁、盐、料酒、味精，倒入鱼丁，下湿淀粉勾芡，淋香油即可。

操作要领

青鱼忌用牛、羊油煎炸。

营养贴士

青鱼中含有丰富蛋白质、脂肪及丰富的硒、碘等微量元素，故有抗衰老、抗癌作用。

视觉享受：★★★★ 味觉享受：★★★★★ 操作难度：★★★

鲜豌豆烩鱼米

TIME 30分钟

菜品特点
色彩亮丽
营养丰富

肉末豌豆

菜品特点
软和入味
又嫩又香

⊃ **主料**：豌豆 350 克，牛肉 150 克

⊃ **配料**：干辣椒 5 克，葱 3 克，色拉油 10 克，盐、白糖各 5 克，味精 8 克，水淀粉、酱油各适量

视觉享受 ★★★★
味觉享受 ★★★★
操作难度 ★★★

🔄 操作步骤

①牛肉切成小丁，用调料（盐、味精、白糖、酱油）腌 10 分钟；葱、干辣椒切段备用。

②将豌豆焯水；牛肉丁走油。

③炒锅上火，烧热后放色拉油，将葱段、干辣椒炒变色后捞出，入豌豆炒，然后加少量水，加盐调味，烹 2 分钟，放入牛肉丁，最后用水淀粉勾芡，起锅装盘即可。

📖 操作要领

牛肉要选择鲜嫩的里脊肉。

👉 营养贴士

牛肉蛋白质含量高，脂肪含量低，味道鲜美，受人喜爱，有"肉中骄子"的美称。

豇豆

概述 >>>

豇豆属于豆科植物，别名饭豆、豆角、长豆、腰豆等，原产于印度和缅甸，是世界上最古老的蔬菜作物之一，主要分布在热带、亚热带和温带地区，我国主要产地为山西、山东、陕西等地。豇豆分为长豇豆和饭豇豆两种。长豇豆一般作为蔬菜食用，热炒、凉拌均可。饭豇豆通常作为粮食煮粥食用，也可制成豆沙馅。李时珍称赞其"可菜、可果、可谷，备用最好，乃豆中之上品"。

营养成分

豇豆提供了易于消化吸收的优质蛋白，适量的碳水化合物及多种维生素、微量元素等，可补充机体的营养素。

豇豆所含 B 族维生素能维持正常的消化腺分泌和胃肠道蠕动，抑制胆碱酶活性，可帮助消化，增进食欲。

豇豆中所含维生素 C 能促进抗体的合成，提高机体抗病毒的作用。

豇豆的磷脂有促进胰岛素分泌，参加糖代谢的作用，是糖尿病人的理想食品。

功效主治

豇豆性平、味甘咸，归脾、胃经，化湿而不燥烈，健脾而不滞腻，具有理中益气、健胃补肾、和五脏、调颜养身、生精髓、止消渴、吐逆泻痢、解毒的功效，主治呕吐、痢疾、尿频等症。

肉碎豉椒炒酸豇豆

TIME 15分钟

脆嫩爽口
香辣开胃

➡ **主料**：酸豇豆 300 克，肉馅 100 克

➡ **配料**：黑豆豉 20 克，鲜红辣椒 5 个，酱油、料酒、鸡精、植物油、盐、白糖、香油、水淀粉、酸菜、葱末、姜末各适量

视觉享受：★★★
味觉享受：★★★★
操作难度：★★★

操作步骤

①酸豇豆、酸菜、鲜红辣椒切碎；肉馅用料酒调稀。
②炒锅上火，植物油热后下入葱末、姜末、黑豆豉爆香，加入肉馅煸熟，加入豇豆碎、酸菜碎和鲜红辣椒碎，用鸡精、料酒、盐、酱油、白糖调味，最后用水淀粉勾芡，淋上少许香油即可。

操作要领

酸豇豆切之前，要用水泡一下，不然太咸。

营养贴士

酸豇豆可帮助消化，增进食欲。

视觉享受：★★★★　味觉享受：★★★★　操作难度：★★★

豇豆茄子

TIME 20 分钟

菜品特点
干香微辣
香气扑鼻

> **主料：** 茄子 200 克，豇豆 200 克
> **配料：** 蒜 10 克，葱、小米椒各 5 克，生抽 10 克，蚝油 20 克，植物油适量

操作步骤

①茄子洗净，切成长条状，用清水浸泡片刻后捞出备用；豇豆洗净，摘掉老筋，切成长段；葱切小段；蒜拍破切碎。

②锅中倒入适量植物油，烧七成热后，下茄子炸软，捞出控油；豇豆下油锅炸至表皮起皱，捞出控油。

③炒锅留少许底油，放入蒜末、葱段和小米椒，爆香后放入茄子和豇豆翻炒，加入生抽、蚝油和少许清水，翻炒均匀后盖上锅盖焖煮一会儿，收浓汤汁即可。

操作要领

茄子很吸油，将切好的茄子用清水浸泡片刻，使其吸足水分，这样可以减少吸油量，并去除涩味。

营养贴士

茄子富含维生素 P，可软化微细血管，防止小血管出血。茄子纤维中所含的维生素 C 和皂草甙，具有降低胆固醇的功效。

> **主料：** 自制腊肉、自制干豆角各适量
> **配料：** 盐、胡椒粉、酱油、调味汁、熟玉米油各少许

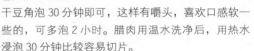

操作步骤

①自制干豆角洗净，浸泡 30 分钟，沥干水分后切段。

②豆角放入碗中，加入盐、酱油、熟玉米油、胡椒粉和调味汁，拌匀。

③用温水洗净腊肉表面油污，放在热水中浸泡 30 分钟左右，切片后摆入装有干豆角的碗中。

④将盛有干豆角和腊肉的碗放入高压锅中，开中火，上汽后转小火 10 分钟后关火，消气后打开锅盖，取出即可。

操作要领

干豆角泡 30 分钟即可，这样有嚼头，喜欢口感软一些的，可多泡 2 小时。腊肉用温水洗净后，用热水浸泡 30 分钟比较容易切片。

营养贴士

腊肉中磷、钾、钠的含量丰富，还含有脂肪、蛋白质、碳水化合物等元素，具有开胃祛寒、消食等功效。

视觉享受：★★★★　味觉享受：★★★★　操作难度：★★★★

干豇豆蒸腊肉

TIME 30 分钟

菜品特点
咸鲜味美
别致营养

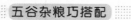

肉皮炖干豇豆

TIME 60 分钟

菜品特点
肉皮软嫩
豇豆柔韧

● 主料：肉皮 500 克，干豇豆 200 克，土豆 3 个
● 配料：葱段 10 克，花椒 3 克，八角 2 个，桂皮 1 根，酱油 60 克，盐 5 克，油 500 克

视觉享受：★★★★
味觉享受：★★★★★
操作难度：★★★

操作步骤

①干豇豆用温水浸泡 20 分钟，使其回软，再余煮 5 分钟，捞出沥干，切成 5 厘米长的小段；土豆削去外皮，切块，放入六成热的油中炸成金黄色；肉皮洗净，整块放入锅中，余煮 10 分钟，稍凉后切成四方片。

②砂锅中放入适量热水，大火烧沸，放入肉皮、豇豆、葱段、花椒、八角、桂皮、酱油和盐，烧沸后转小火加盖慢慢炖煮 30 分钟，最后放入土豆块，稍闷片刻即可。

操作要领

肉皮要用刀刃刮去表面杂质及残余猪毛。

营养贴士

肉皮富含胶原蛋白和弹性蛋白，能使细胞变得丰满，减少皱纹、增强皮肤弹性。

五谷杂粮巧搭配

★ ★ ★ ★ ★

薯类

★ ★ ★ ★ ★

红薯

概述 >>>

红薯，原名番薯，又名甘储、甘薯、朱薯、金薯等，属管状花目，旋花科一年生草本植物，叶片通常为宽卵形，长4~13厘米，宽3~13厘米；花冠粉红色、白色、淡紫色或紫色，钟状或漏斗状，长3~4厘米；蒴果卵形或扁圆形，有假隔膜分为4室。红薯皮色发白或发红，肉大多为黄白色，也有紫色，不仅可以食用，还可以制糖、酿酒及制酒精等，具有抗癌、保护心脏、预防肺气肿和糖尿病、减肥等功效，有"长寿食品"之誉。

营养成分

红薯块根中含有60%~80%的水分，10%~30%的淀粉，5%左右的糖分及少量蛋白质、油脂、纤维素、半纤维素、果胶、灰分等。其营养成分除脂肪外，蛋白质、碳水化合物等含量均高于大米、面粉，且红薯中蛋白质组成比较合理，必需氨基酸含量高，特别是粮谷类食品中比较缺乏的赖氨酸在红薯中含量较高。另外，红薯中含有丰富的维生素（维生素 E、B_1、B_2、C 等），其淀粉也很容易被人体吸收。

功效主治

红薯含有独特的生物类黄酮成分，能促使排便通畅，有效抑制乳腺癌和结肠癌的发生，能促进肠胃消化，滋补肝肾，也可以有效治疗肝炎和黄疸。

红薯蛋白质质量高，可弥补大米、白面中的营养缺失，经常食用可提高人体对主食中营养的利用率，使人身体健康、延年益寿。

红薯富含膳食纤维，具有阻止糖分转化脂肪的特殊功能，可以促进胃肠蠕动和防止便秘，用来治疗痔疮和肛裂等，对预防直肠癌和结肠癌也有一定作用。

红薯对人体器官黏膜有特殊保护作用，可抑制胆固醇的沉积、保持血管弹性，防止肝肾中的结缔组织萎缩，防止胶原病的发生。

泡豇豆炒粉条

TIME 20分钟

菜品特点
酸辣浓厚
家常美味

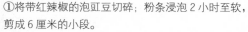

主料: 红薯粉条 200 克，带红辣椒的泡豇豆 200 克

配料: 葱姜末 10 克，花椒 5 克，生抽、老抽 10 克，油 30 克，盐适量

观赏享受: ★★★★
味觉享受: ★★★★
操作难度: ★★

操作步骤

①将带红辣椒的泡豇豆切碎；粉条浸泡 2 小时至软，剪成 6 厘米的小段。

②锅里放油，爆香花椒、葱姜末，放入粉条，调入盐、生抽、老抽，将粉条炒散，随后放入泡豇豆充分炒匀，使各种原料的味道融合即可。

操作要领

粉条泡软后剪成 6 厘米的小段，这样炒时就不易粘在一起了。

营养贴士

粉条里富含碳水化合物、膳食纤维、蛋白质、烟酸和钙、镁、铁、钾、磷、钠等矿物质。

视觉享受：★★★★ 味觉享受：★★★★ 操作难度：★★

清炒红薯丝

TIME 15 分钟

菜品特点
脆爽甘甜
特色浓郁

- **主料：** 红薯 200 克
- **配料：** 葱花 3 克，盐、鸡精各 2 克，油适量

操作步骤

①红薯去皮洗净，切丝备用。

②锅下油烧热，放入红薯丝炒至八成熟。

③加盐、鸡精炒匀，待熟装盘，撒上葱花即可。

操作要领

红薯丝切得越细，口感越佳。

营养贴士

此菜具有排毒瘦身、美容减肥、延缓衰老的功效。

- **主料：** 新鲜红薯 200 克，大米 100 克
- **配料：** 糯米 30 克，黑芝麻适量

操作步骤

①大米和糯米混合，淘洗干净；红薯洗净去皮，切成块后泡在水里。

②将大米和糯米倒入砂锅，加入约 10 倍的清水，大火煮开后，转最小火煮约 30 分钟，其间不时用勺子搅拌一下，以防粘底。

③待大米煮到微熟时，放入红薯，搅拌均匀后盖上盖子，用小火煮约 20 分钟，撒上黑芝麻即可。

操作要领

红薯去皮切块后要泡入水中，以防止氧化变黑。

营养贴士

此粥有健脾养胃、益气通乳的功效，适用于维生素 A 缺乏症、夜盲症、大便带血、便秘、湿热黄疸。

视觉享受：★★★★ 味觉享受：★★★★ 操作难度：★★★

红薯粥

TIME 60 分钟

菜品特点
软浓香甜
营养丰富

莲白炒薯粉

菜品特点
香软脆嫩
滑嫩爽口

⊙ **主料：** 莲白 400 克，粉丝 100 克

⊙ **配料：** 料酒、酱油各 10 克，盐 3 克，味精、白糖各 2 克，醋 4 克，猪油 40 克，花椒油 10 克，葱姜蒜末 20 克

视觉享受：★★★
味觉享受：★★★★
操作难度：★★★

🔄 操作步骤

①将莲白洗净，均匀切成 4 厘米长的丝；粉丝用温水泡透，切成段。

②锅内加猪油烧热，用葱姜蒜末炝锅，放入莲白丝，加料酒、白糖、酱油煸炒。

③放入粉丝、盐、醋炒匀至熟，加味精、花椒油炒匀即可。

🍴 操作要领

此菜一定要用猪油，炒出来的才地道。

👉 营养贴士

莲白能防止皮肤色素沉淀，减少青年人雀斑，延缓老年斑的出现。

土豆

概述 >>>

土豆，即马铃薯，别称地蛋、洋芋等，是重要的粮食、蔬菜兼用农作物。其营养价值高、适应力强、产量大，是我国五大主食之一，也是全球第三大重要的粮食作物，仅次于小麦和玉米。土豆用途广泛，可以作主食，也可作为蔬菜食用，或作辅助食品如薯条、薯片等，也用来制作淀粉、粉丝等，也可以酿酒或作为牲畜的饲料。

营养成分

土豆含有大量碳水化合物，还含有20%蛋白质，18种氨基酸、矿物质（磷、钙等）、维生素及大量的优质纤维素等。一般新鲜土豆的淀粉含量为9%～20%，蛋白质含量为1.5%~2.3%，脂肪含量为0.1%~1.1%，粗纤维含量为0.6%~0.8%。每100克土豆含热量66~113焦，钙11~60毫克，磷15~68毫克，铁0.4~4.8毫克，硫胺素0.03~0.07毫克，核黄素0.03~0.11毫克，烟酸0.4~1.1毫克。

功效主治

中医认为，土豆"性平味甘无毒，能健脾和胃，益气调中，缓急止痛，通利大便。对脾胃虚弱、消化不良、肠胃不和、脘腹作痛、大便不畅的患者效果显著"。现代研究证明，马铃薯对调解消化不良有特效，是胃病和心脏病患者的良药及优质保健品。

辣白菜炒土豆

TIME 20分钟

菜品特点
营养开胃
增强食欲

- **主料：** 土豆、韩式辣白菜各适量
- **配料：** 油、盐、辣椒粉、葱花各适量

视觉享受：★★★★
味觉享受：★★★★★
操作难度：★★★

操作步骤

①土豆洗净去皮切成薄片；韩式辣白菜切成方块。
②锅内放油，烧热后放入土豆片，用半煎半炸的方式翻炒一下，待土豆变软后，用勺子盛出锅内多余的油，放入辣白菜继续翻炒。
③加一些辣椒粉，待土豆变得酥软时用盐调味，出锅撒葱花。

操作要领

土豆切好后泡在清水里10分钟，用清水冲洗2遍，去掉部分淀粉。

营养贴士

此菜有美容养颜、抗衰老、安神、补血、健脑、利尿、促发育的功效。

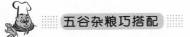
视觉享受：★★★★　味觉享受：★★★★　操作难度：★★★

芽菜煸土豆

TIME 20分钟

菜品特点
色泽金黄
回味悠长

> **主料：** 土豆（黄皮）300克，芽菜150克，猪肉（肥瘦）100克
> **配料：** 姜蒜末10克，盐、味精各2克，香油5克，油适量

🍳 操作步骤

①芽菜、猪肉分别剁碎待用；土豆去皮切成一字条，入五成热的油中炸至紧皮，捞起，待油温升至七成热时下锅复炸，呈金黄色时起锅。

②锅中留余油，下芽菜、肉末、姜蒜末炒香，下土豆条翻炒，用盐、味精、香油调味，翻炒均匀即可。

🔥 操作要领

炸制土豆的油温要控制好，油温过高易炸煳，过低土豆不成金黄。

☞ 营养贴士

芽菜所含的营养较丰富，无机盐、微量元素和维生素B$_1$、维生素B$_2$含量也很丰富。

> **主料：** 土豆2个
> **配料：** 椒盐、油各适量

🍳 操作步骤

①土豆去皮切成小片备用。

②锅中放入适量油烧热，放入土豆片，炸至金黄色。

③放入盘中，撒上椒盐拌匀即可。

🔥 操作要领

土豆片要切得薄一点。

☞ 营养贴士

土豆中含有丰富的膳食纤维，可促进胃肠蠕动、疏通肠道。

视觉享受：★★★　味觉享受：★★★★★　操作难度：★★

椒盐土豆片

TIME 20分钟

菜品特点
香酥可口
简单小吃

肉酱土豆焖茄子

TIME 30分钟

菜品特点
选材简单
家常美味

主料： 土豆、茄子各适量

配料： 葱、红尖椒、油、肉酱、酱油、鸡精、花椒粉、盐、糖、香菜段各适量

视觉享受：★★★
味觉享受：★★★★
操作难度：★★

操作步骤

①土豆、茄子切块；葱、红尖椒切小段。

②锅中放少许油，爆香葱段、尖椒段，放入土豆，多炒一会儿再放茄子，加入肉酱、酱油、鸡精、花椒粉、盐、糖，翻炒均匀。

③放少许开水焖一会儿，收汤，放香菜段出锅即可。

操作要领

茄子也可以油炸，更入味一些。

营养贴士

茄子性味苦寒，有散血瘀、消肿止疼、治疗寒热、祛风通络和止血等功效。

视觉享受：★★★★ 味觉享受：★★★★★ 操作难度：★★★

小土豆焖香菇

TIME 30分钟

菜品特点
强身健体
营养丰富

主料： 新小土豆、干香菇各适量

配料： 牛肉酱、小米椒、蒜末、香菜段、油各适量

操作步骤

①将干香菇泡发；小土豆削皮，一切两半；小米椒切段。

②锅烧热，倒油，煸香小米椒、蒜末、牛肉酱，倒入土豆煸炒一会儿，再倒入香菇炒一会儿。

③加少量水，水开后转小火焖8分钟，大火收汁，撒香菜段出锅。

操作要领

如果没有牛肉酱，可用其他酱料代替。

营养贴士

此菜具有降血脂、抗衰老、防癌、降胆固醇、降压的功效。

主料： 土豆500克，鸡蛋100克

配料： 精炼油50克，精盐、味精各4克，花椒粉1克，芝麻油2克，葱花5克

操作步骤

①土豆削皮切细丝，用清水浸泡去掉淀粉；鸡蛋搅拌成蛋液。

②锅置旺火上，放入精炼油烧至八成热，下入土豆丝炸至金黄色捞出待用。

③另取净锅，倒精炼油烧至五成热，放入鸡蛋炒香，加土豆丝、精盐、味精、花椒粉、葱花、芝麻油，炒均匀起锅装盘即可。

操作要领

切土豆丝粗细要均匀。

营养贴士

此菜有清热解毒、健脑益智、美容护肤的功效。

视觉享受：★★★★★ 味觉享受：★★★★ 操作难度：★★

椒麻薯蛋丝

TIME 20分钟

菜品特点
土豆酥脆
蛋香味浓

TIME 20分钟

菜品特点
金黄羽亮
酥糯鲜香

咖喱小土豆

- **主料:** 小土豆适量
- **配料:** 香菇、红尖椒、油、咖喱粉、盐各适量

视觉享受: ★★★★
味觉享受: ★★★★
操作难度: ★★

操作步骤

①把小土豆洗净，放入锅中煮熟后，过凉水，去皮，一切为二备用。

②新鲜香菇，洗净后择去腿，切成小块；红尖椒切丝备用。

③起锅热油，倒入香菇炒香，加入红尖椒丝、咖喱粉翻炒，加少许开水将咖喱搅匀，放入煮好的小土豆，待土豆裹匀咖喱后，加少许盐即可出锅。

操作要领

小土豆煮至用筷子试着能扎透就行，注意别煮得太烂。

营养贴士

此菜有美容养颜、抗衰老、安神、利尿的功效。

山药

概述 >>>

山药，即薯蓣，原产山西平遥、介休，现分布于中国华北、西北及长江流域的江西、湖南等地区。我国栽培的山药主要有普通山药和田薯两大类。普通的山药块茎较小，其中尤以古怀庆府（今河南焦作境内，含孟州、博爱、沁阳、武陟、温县等县）所产山药名贵，习称"怀山药"，素有"怀参"之称，为全国之冠。由于营养丰富，山药自古以来就被视为物美价廉的补虚佳品，既可作主粮，又可作蔬菜，还可以蘸糖制成小吃。

营养成分

山药所含的热量和碳水化合物仅有红薯的一半左右，不含脂肪，蛋白质含量比红薯高。其主要成分是淀粉，其中的一部分可以转化为淀粉的分解产物糊精，糊精可以帮助消化，因此山药是可以生吃的芋类食品。此外，山药含有多种微量元素，尤其钾的含量较高，但所含维生素种类和数量较少，不含维生素 B_{12}、维生素 K、维生素 P、维生素 D，几乎不含胡萝卜素。

功效主治

山药味甘、性平，入肺、脾、肾经，不燥不腻，可健脾补肺、益胃补肾、固肾益精、聪耳明目、助五脏、强筋骨、长志安神、延年益寿。主治脾胃虚弱、倦怠无力、食欲缺乏、久泄久痢、肺气虚燥、痰喘咳嗽、肾气亏耗、腰膝酸软、下肢痿弱、消渴尿频、遗精早泄、带下白浊、皮肤赤肿、肥胖等病症。

山药炸兔肉

菜品特点
补益脾胃
滋补肾肾

> **主料：** 兔肉250克，山药（干）40克

> **配料：** 鸡蛋清60克，葱段10克，姜片5克，料酒8克，酱油5克，盐、味精各2克，白糖6克，猪油（炼制）400克（实耗20克），淀粉（豌豆）10克

视觉享受：★★★
味觉享受：★★★★
操作难度：★★★★

操作步骤

①山药切片研成细末；兔肉洗净，片去筋膜，切成约2厘米见方的块，加入料酒、味精、酱油、白糖、姜片、葱段、盐拌匀，腌20分钟。

②鸡蛋清加入山药粉和湿淀粉搅匀，调成蛋清糊，倒入兔肉内拌匀。

③净锅置于火上烧热，放入猪油，烧至八成热时，逐块放入兔肉，略炸一下捞出，再复炸一遍即成。

操作要领

复炸时，要反复用漏勺将兔肉翻炸成金黄色并浮出油面。

营养贴士

此菜适用于脾虚、少食、便溏、久泻久痢、白带淋漓等症。

99

视觉享受：★★★★★ 味觉享受：★★★★★ 操作难度：★★★

黄精蒸蛋鸡

TIME 3小时

菜品特点

益气补虚
滋阴润喉

> **主料：** 母鸡1000克，山药（干）50克
> **配料：** 黄精、党参各30克，姜片、葱段各10克，花椒3克，盐、味精各2克

操作步骤

①将鸡宰杀，去毛及内脏，洗净，剁成1寸大的块，放入沸水锅中烫3分钟捞出，洗净血水沫。
②将鸡块装入气锅内，加入葱段、姜片、盐、花椒、味精，再加入黄精、党参、山药，盖好气锅盖，上笼蒸3小时即成。

操作要领

此菜蒸制的时间一定要足。

营养贴士

此菜营养丰富，适宜于体倦无力、精神疲惫、体力及智力下降者服食。

> **主料：** 野鸭1500克，山药250克
> **配料：** 姜片5克，葱段10克，盐3克，料酒10克

操作步骤

①山药去皮，洗净切块；野鸭去毛及内脏，洗净后放入锅内，加入适量清水煮熟，捞出待凉，去骨切丁，原汤留用。
②将山药与鸭丁一起倒入原汤内，加入料酒、姜片、葱段、盐、继续煮沸成汤即可。

操作要领

野鸭最好选老鸭子，这样比较容易去掉鸭腥味儿。

营养贴士

此汤可做滋阴食谱、补虚养身食谱、自汗盗汗食谱、健脾开胃食谱。

视觉享受：★★★★ 味觉享受：★★★★★ 操作难度：★★★★

野鸭山药汤

TIME 60分钟

菜品特点

热量较低
清淡宜口

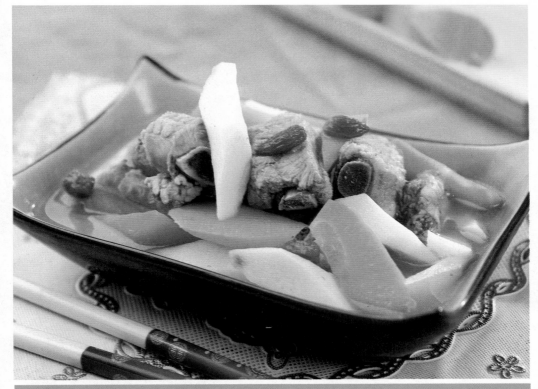

TIME 60 分钟

菜品特点
色泽软润
清淡爽口

枸杞山药炖排骨

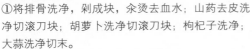

➡ **主料：**排骨 600 克，胡萝卜 300 克，山药 300 克

➡ **配料：**枸杞子 5 克，大蒜、酱油、酒、醋、白糖、盐、油、胡椒粉、八角各适量

观觉享受：★★★★
味觉享受：★★★★★
操作难度：★★★

🥄 操作步骤

①将排骨洗净，剁成块，汆烫去血水；山药去皮洗净切滚刀块；胡萝卜洗净切滚刀块；枸杞子洗净；大蒜洗净切末。

②砂锅置火上，倒油烧热，下入蒜末，放入排骨，加入酱油、醋、酒、白糖、胡椒粉、盐、八角，倒入适量清水烧开，煮 20 分钟。

③加入山药、胡萝卜、枸杞子同煮，待其入味并已熟软即可。

🥄 操作要领

排骨预先焯水可去除腥气，并能防止烧菜时汤色浑浊。

👉 营养贴士

猪肉性凉，与山药相配可以补气养阴益精血，尤其适宜秋季养生。

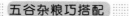

芋头

芋头，别名芋、芋艿、芋奶、芋根、毛芋、青芋、芋魁、香华、芋子、香芋，多年生块茎植物，常作一年生作物栽培。原产于印度，中国以珠江流域及台湾省种植最多，长江流域次之，其他省市也有种植。芋头营养丰富，含有大量淀粉、矿物质及维生素，既是蔬菜，又是粮食，可熟食、干制或制粉。其口感细软，黏嫩爽口，营养丰富，既能做菜肴又能做各种各样的零食，非常可口。

营养成分

芋头营养丰富，其中碳水化合物达13%，主要为淀粉，含蛋白质约2%，脂肪很少，还含有钾、钙、胡萝卜素、维生素C、B族维生素、皂角甙等多种成分，其中氟的含量较高，具有洁齿防龋、保护牙齿的作用。芋头营养价值很高，具有增强人体免疫功能的作用。

功效主治

芋头性甘辛、有小毒、性平，归肠、胃经，具有益胃、消肿止痛、宽肠、解毒、补中、益肝肾、散结、调节中气、化痰、通便、益胃健脾、添精益髓等功效。可作为防治癌瘤的常用药膳主食，在癌症手术或术后放疗、化疗及其康复过程中，有辅助治疗的作用。其丰富的维生素能够激活体内细胞，加速新陈代谢，从而达到减肥的目的。

竹乡芋儿卷

TIME 30 分钟

菜品特点
香糯软糯
美味无比

● **主料：** 芋儿、糯米粉各适量
● **配料：** 圣女果 1 个，精盐、味精、胡椒粉、猪油、竹叶各适量

视觉享受：★★★★
味觉享受：★★★★
操作难度：★★

➡ 操作步骤

①芋儿蒸熟压成泥，拌入糯米粉，加猪油，用精盐、味精、胡椒粉调味后做成枣状，用竹叶卷起。
②将芋儿竹叶卷入笼用猛火蒸熟，取出摆盘，将洗净的圣女果摆在中间。

♠ 操作要领

芋儿要刮去粗糙外皮，否则影响成泥后的口感。

👉 营养贴士

芋儿在中国自古就有食用，可代粮，具有滋养、强身、美肌、助消化等作用。

五谷杂粮巧搭配

视觉享受：★★★★★ 味觉享受：★★★★★ 操作难度：★★

金菠香芋

TIME 20分钟

菜品特点
色泽金红
口味酸甜

主料： 芋头 400 克，菠萝 200 克
配料： 番茄酱 50 克，醋 20 克，白糖 40 克，盐 2 克，油 500 克，淀粉、葱花各少许

操作步骤

①将芋头去皮，洗净，切滚刀块，蘸上干淀粉；菠萝切滚刀块待用。
②炒锅上火烧热，加油，待油四五成热时，放芋头稍炸，改小火炸熟再用旺火炸一下，倒入漏勺控油。
③原勺留少许底油，放番茄酱炒一下，放醋、白糖、盐、水、菠萝炒均匀，用水淀粉勾芡，放入炸好的芋头颠炒均匀，使汁滚在芋头上，撒葱花即可。

操作要领

芋头块要切均匀，过油炸时要掌握好油的温度，以保证外脆里软，汁芡包裹在芋头上。

营养贴士

菠萝含有大量的果糖、葡萄糖、维生素 B、维生素 C、磷、柠檬酸和蛋白酶等物质。

主料： 新鲜的毛芋头 500 克
配料： 剁椒、葱花各适量，香油少许

操作步骤

①芋头冲洗干净，放锅内蒸熟，剥去皮并切块。
②剁椒拌入少量香油，码在切好的芋头上面。
③再放锅内蒸 8 分钟左右，取出后撒上葱花，淋少许香油即可食用。

操作要领

挑选芋头，一定不要选那种细而长的，要选圆的，可以是带小芋头的那种。这种芋头俗称母芋头，更面更软。

营养贴士

此菜有防癌、强身健体、防龋齿的功效。

视觉享受：★★★★ 味觉享受：★★★★★ 操作难度：★★★

剁椒蒸芋头

TIME 20分钟

菜品特点
味道鲜美
辣得舒服

TIME 20分钟

菜品特点
外焦内软
香酥味鲜

椒盐芋头丸

⊟ **主料:** 芋头 1000 克

⊡ **配料:** 鸡蛋 150 克,虾米 50 克,花生油 80 克,淀粉(豌豆)50 克,盐、味精各 2 克,胡椒粉、花椒粉各 1 克,香油 15 克,葱花 15 克

视觉享受: ★★★★★
味觉享受: ★★★★
操作难度: ★★★

🥄 操作步骤

①虾米泡发切成末;芋头削去皮并洗净,上笼蒸熟,取出后放在砧板上,用刀压成泥,加入鸡蛋液、虾米末、葱花、盐、味精、胡椒粉和干淀粉搅匀。

②将芋头泥挤成直径 3 厘米大的丸子,下入烧沸的花生油油锅,炸至焦酥呈金黄色,滗去油,撒上花椒粉和香油,装盘即可。

🥄 操作要领

因有炸制过程,故需备花生油 600 克,实耗 80 克。

👉 营养贴士

芋头中含有多种微量元素,能增强人体的免疫功能。

视觉享受：★★★★ 味觉享受：★★★★ 操作难度：★★★

腊肉蒸香芋丝

TIME 30分钟

菜品特点
爽口粉糯
不黏不腻

主料： 熏腊肉150克，芋头适量
配料： 葱花10克、豆豉、生抽、白糖、食用油各适量

操作步骤

①熏腊肉切成细丝，放入沸水中焯一下水，捞起放进冷水中洗净，控干水盛起备用。
②芋头去皮，切成细丝，用冷水浸泡冲洗数遍，铺在盘底，撒上豆豉，淋入生抽，撒上白糖，放上腊肉丝。
③上锅大火蒸10分钟，蒸好后出锅，撒上葱花。
④起油锅，倒入食用油，待油温升高，关火，把油浇在菜上即可。

操作要领

自制的熏腊肉的味道很咸，下锅焯水既可去掉表面的油污，也可以让味道不那么咸。

营养贴士

腊肉中磷、钾、钠的含量丰富，还含有脂肪、蛋白质、碳水化合物等元素。

主料： 荔浦芋头1个，三黄鸡1只
配料： 青、红椒各1个，葱段、姜片、蒜片、盐、鸡粉、生粉、蚝油、料酒、色拉油、椰汁、蛋奶各适量

操作步骤

①将三黄鸡切成日字形鸡块，用适量的盐、鸡粉、蚝油以及生粉腌一下，滑油后捞出；荔浦芋头去皮，改刀切成大的菱形块，放入五成热的油锅中炸至微黄色捞起待用；青、红椒洗净去蒂，切菱形片。
②原锅旺火烧热，倒入少许色拉油，放入葱段、姜片、蒜片、青红椒片爆香，倒入鸡块爆炒，烹料酒，加入适量高汤或清水，煮开后放入芋头，小火煮8分钟左右，倒入少许椰汁和蛋奶，再大火煮开即可。

操作要领

调味料不必放太多，放入量以肉能有稍微的咸淡味为度。

营养贴士

荔浦芋头富含蛋白质、钙、磷、铁、钾、镁、钠、胡萝卜素、烟酸、维生素C、B族维生素、皂角甙等。

视觉享受：★★★★★ 味觉享受：★★★★ 操作难度：★★★

椰汁芋头滑鸡煲

TIME 40分钟

菜品特点
香浓醇滑
甚具特色

TIME 60 分钟

菜品特点
营养保健
养生佳品

芋儿童子甲

● **主料:** 小甲鱼 1 只，芋头适量
● **配料:** 辣酱、黑胡椒、精盐、鸡精、老抽、陈醋、高汤、花椒油、植物油各适量

视觉享受：★★★
味觉享受：★★★★
操作难度：★★★

🔄 操作步骤

①小甲鱼宰杀洗净，入沸水锅中汆去血水后捞出；芋头洗净，用沸水烫片刻，去皮，切块，在热油锅中炸至呈金黄色，捞出沥油。

②锅置火上，倒油烧至六成热，放入辣酱大火煸香，倒入芋头块、甲鱼翻炒片刻，加入高汤，放入精盐、鸡精、黑胡椒、陈醋、花椒油、老抽，大火烧沸，转小火烧 10 分钟，大火收汁即成。

🔺 操作要领

买甲鱼必须买活的。

🖐 营养贴士

甲鱼富含蛋白质、无机盐、维生素 A、维生素 B_1、维生素 B_2、烟酸、碳水化合物、脂肪等多种营养成分。

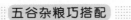
魔芋

概述 >>>

魔芋，俗称雷公枪，古代又称妖芋，自古就有"去肠砂"之称，是一种生长在海拔 250~2500 米的山间多年生草本植物。魔芋产区主要分布在云南、贵州、四川、陕西南部和湖北西部，以四川盆地周围山区的魔芋资源最为丰富。魔芋是有益的碱性食品，食用动物性酸性食品过多的人，搭配吃魔芋，可以达到食品酸、碱平衡。此外，魔芋还具有降血糖、降血脂、降压、散毒、养颜、通脉、减肥、开胃等功能。

营养成分

魔芋含淀粉 35%，蛋白质 3%，以及多种维生素和钾、磷、硒等矿物质元素，还含有人类所需要的魔芋多糖，即葡萄甘露聚糖。

功效主治

魔芋性寒、辛，有毒，可活血化瘀、解毒消肿、宽肠通便、化痰软坚，主治高血压、高血糖、瘰疬痰核、损伤瘀肿、便秘腹痛、咽喉肿痛、牙龈肿痛等症。另外，魔芋还具有补钙、平衡盐分、洁胃、整肠、排毒等作用。

魔芋中含量最大的葡萄甘露聚糖具有强大的膨胀力，有超过任何一种植物胶的黏韧度，即可填充胃肠，消除饥饿感，又因所含热量微乎其微，故可控制体重，达到减肥健美的目的；魔芋中还含有一种凝胶样的化学物质，具有防癌抗癌的神奇魔力。

视觉享受：★★★★ 味觉享受：★★★★★ 操作难度：★★★

麻辣魔芋

TIME 15分钟

菜品特点
清新开胃
瘦肥好餐

◆ **主料：** 魔芋1盒
◆ **配料：** 青、红椒各1个，盐、酱油、花椒、辣椒面、植物油、白糖各适量

🔄 操作步骤

①魔芋用清水冲洗干净，或者按照包装要求进行焯烫，沥干水分；青、红椒洗净去蒂切丝。
②锅中加热少许植物油，爆香花椒，然后倒入魔芋，翻炒几下，加入少许盐入味，再加入适量酱油、辣椒面和白糖，翻炒均匀。
③倒入青、红椒丝，拌匀后加入小半碗水，大火收干汤汁后即可。

⚠ 操作要领

酱油可以让魔芋上色和增加香味。

👉 营养贴士

魔芋的主要功效可以归结为：排毒、减肥、通便、洁胃、疾病防治、平衡盐分、补充钙等。

◆ **主料：** 雪魔芋、仔姜各150克
◆ **配料：** 水发木耳10克，蒜片15克，豆瓣、淀粉（玉米）各8克，盐、味精各5克，香油、酱油各10克，花生油30克

🔄 操作步骤

①将木耳泡发，择洗干净；仔姜洗净切薄片，用盐腌10分钟，滗去盐水；淀粉放碗内加水调成湿淀粉，再与酱油、盐、味精调拌成汁；豆瓣剁细。
②将雪魔芋用温水泡发、洗净、挤干水分，切成片入油锅内过油，捞出沥油。
③将炒锅内的油烧热，下豆瓣酱炒至红色，下蒜片炒出香味，放仔姜片、雪魔芋、木耳同炒，烹入调汁，淋入香油即可。

⚠ 操作要领

制作过程中雪魔芋需过油，所以要预备花生油300克，实耗约30克。

👉 营养贴士

生姜具有解毒杀菌的作用。

视觉享受：★★★★ 味觉享受：★★★★ 操作难度：★★

仔姜雪魔芋

TIME 20分钟

菜品特点
健脾开胃
营养主薯

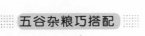

南瓜

概述 >>>

南瓜是葫芦科南瓜属的植物，原产中南美洲，在我国各地都有栽种，因产地不同而叫法各异，如麦瓜、番瓜、倭瓜、金瓜、金冬瓜等。南瓜果实有圆形、扁圆形、长圆形、纺锤形和葫芦形几种，先端多凹陷，表面光滑或有瘤状突起和纵沟，成熟后有白霜。种皮灰白色或茶褐色，边缘明显粗糙。肉厚，黄白色，老熟后有特殊香气，味甜而面。嫩果味甘适口，是夏秋季节的瓜菜之一。老瓜可作饲料或杂粮。南瓜籽可炒食或入药。

营养成分

南瓜营养丰富，含有淀粉、蛋白质、胡萝卜素、维生素B、维生素C和钙、磷等成分，每100克中含蛋白质0.6克，脂肪1克，碳水化合物5.7克，粗纤维1.1克，灰分6克，钙10毫克，磷32毫克，铁0.5毫克，胡萝卜素0.57毫克，核黄素0.04毫克，烟酸0.7毫克，维生素C5毫克。另外，还含有瓜氨素、精氨酸、天门冬素、葫芦巴碱、腺嘌呤、葡萄糖、甘露醇、戊聚糖、果胶。

功效主治

南瓜含有丰富的胡萝卜素和维生素C，可以健脾，预防胃炎，防治夜盲症，护肝，使皮肤变得细嫩，并有中和致癌物质的作用。黄色果蔬还富含维生素A和维生素D，维生素A能保护胃肠黏膜，防止胃炎、胃溃疡等疾病发生；维生素D有促进钙、磷两种矿物元素吸收的作用，进而起到壮骨强筋的功效，对于儿童佝偻病、青少年近视、中老年骨质疏松症等常见病有一定预防效果。另外，南瓜还可以有效防治糖尿病、降低血糖。

TIME 40分钟

菜品特点
南瓜清甜
鲜香无比

南瓜杂菌盅

➡ **主料：**小南瓜1个，香菇、草菇、鸡腿菇各适量

👉 **配料：**青、红椒片各5克，姜末、盐、蘑菇精、胡椒粉、油各适量

视觉享受：★★★★★
味觉享受：★★★★
操作难度：★★★

🍳 操作步骤

①南瓜有把的一头切开，另一头略切平，放在盘中，挖掉中间的籽，放锅中用小火蒸至可用筷子扎透，取出摆在盘中备用；将各类菇洗净，一切二。

②起锅热油，爆香姜末，放入青、红椒片和所有的菇爆炒，用盐、蘑菇精和少许胡椒粉调味，再加一点点水炒出汁，倒入小南瓜盅中即可。

③吃的时候，可用小刀将小南瓜切开。

🍴 操作要领

菌菇的种类可以自己搭配。

👉 营养贴士

多食南瓜可有效防治高血压、糖尿病及肝脏病变，提高人体免疫能力。

视觉享受：★★★★★ 味觉享受：★★★★★ 操作难度：★★

椰汁南瓜香芋煲

TIME 60 分钟

菜品特点
颜色好看
又甜又香

> **主料：** 小南瓜、香芋各适量
> **配料：** 椰奶 600 克，蒜末 30 克，油适量

操作步骤

①南瓜洗干净，不用削皮，切小块；香芋也切小块。
②炒锅上火，倒油，油热后加入蒜末爆香，然后把南瓜和香芋倒入爆炒一下，再放进大砂锅里。
③倒入椰奶，搅拌一下，盖上盖子，用中小火将南瓜和香芋煮熟，汁收干一点即可。

操作要领

如果喜欢汁多一点的，可以加一点水。煮期间要翻拌一下，以防粘锅。

营养贴士

香芋含有较多的粗蛋白、淀粉、聚糖（黏液质）、粗纤维和糖，有散积理气、解毒补脾、清热镇咳的功效。

> **主料：** 南瓜、银耳各适量
> **配料：** 冰糖适量

操作步骤

①银耳温水泡发后去蒂洗净；南瓜去皮去瓤洗净切菱形块备用。
②锅里加适量水，加入泡发处理干净的银耳，烧开后转小火。
③银耳小火煮到锅里的汤有一点点浓稠的时候，加入南瓜块。
④烧开后继续用小火煮到南瓜变软，加入适量冰糖调味即可。

操作要领

银耳一定要泡发，这样煮出汤才会黏稠，一般应泡5小时以上。

营养贴士

此汤有美容、明目、降三高、降糖、养胃、消炎、强身健体的功效。

视觉享受：★★★★ 味觉享受：★★★★ 操作难度：★★★

南瓜银耳汤

TIME 30 分钟

菜品特点
营养健康
清凉美味

金沙小南瓜

TIME 8分钟

菜品特点
口感香酥
风味独特

● 主料：去皮南瓜 30 克，咸蛋黄 3 个
● 配料：油、盐、干淀粉、鸡粉、香葱各适量

视觉享受：★★★★
味觉享受：★★★★
操作难度：★★★

操作步骤

①咸蛋黄压碎；香葱洗净切成葱花；南瓜切块，倒入加盐、油的水中浸泡，至变软后捞出，沥干水分。
②南瓜块裹上一层干淀粉，放入油锅中煎炸，至炸酥捞出，沥油。
③锅洗净倒油，下入咸蛋黄碎，加少许水，以慢火翻炒，炒至起泡时加入炸好的南瓜块，加鸡粉炒匀，最后撒上葱花即可。

操作要领

翻炒碎蛋黄须用慢火。

营养贴士

南瓜含有淀粉、胡萝卜素、蛋白质和钙等营养成分，具有消炎止痛、解毒杀虫的功效。

113

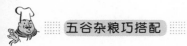

视觉享受：★★★★ 味觉享受：★★★★★ 操作难度：★★★

南瓜鱼松

TIME 60分钟

菜品特点
味道鲜美
营养丰富

➡ **主料：** 幼鱼干 20 克，南瓜 40 克

🍴 **配料：** 肉汤适量

🔄 操作步骤

①将鱼干放入水中浸泡，去盐后用热水煮一下，研成末。

②将南瓜煮软捣碎，再与肉汤一起放入锅内，混合均匀后，再加入鱼干末一起煮熟即可。

🔥 操作要领

南瓜煮前应去皮，这样吃起来口感才好。

👉 营养贴士

鱼干是补充蛋白质的好食物，可以有效补充营养。

➡ **主料：** 小米 100 克，五花肉 750 克，小南瓜 1 个

🍴 **配料：** 五花肉腌料（盐、生抽、姜片、料酒、海鲜酱、胡椒粉各适量），炒小米料（八角、花椒、蒜头、香叶、干姜片、盐、胡椒粉、辣椒粉各适量）

🔄 操作步骤

①将五花肉用腌料腌 30 分钟；小米与炒料一起放入锅中用中火炒香，炒好后，清理出所有配料，留小米晾凉备用；小南瓜挖成瓜盅。

②晾凉的小米与腌好的五花肉拌匀，腌 10 分钟，然后放入瓜盅内，排放整齐，放入蒸锅内蒸 60 分钟即可。

🔥 操作要领

喜欢吃辣的可以在小米与五花肉搅拌时加入适量豆瓣辣酱。

👉 营养贴士

小米因富含维生素 B_1、维生素 B_{12} 等，具有防止消化不良及口角生疮的功效。

视觉享受：★★★ 味觉享受：★★★★★ 操作难度：★★★

南瓜蒸肉

TIME 2小时

菜品特点
造型美观
老少皆宜

砂锅老南瓜

TIME 30 分钟

菜品特点
咸甜软糯
又有嚼劲

- **主料：** 老南瓜适量
- **配料：** 花椒、葱段、蒜瓣、黄豆酱、蚝油、香菜、油各适量

视觉享受：★★★
味觉享受：★★★★
操作难度：★★★

操作步骤

①将老南瓜留皮切成段。

②锅加油烧热，放点花椒，再放入葱段和蒜瓣爆香，然后铺在砂锅里。

③另起锅，多放点油，加适量黄豆酱，爆一下，放南瓜段，稍炒一下，再放蚝油，颠几下，关火。将南瓜码在砂锅里，再将炒锅里的余油倒在上面，加盖用小火焖熟，放香菜点缀即可。

操作要领

此菜不加水，全靠锅里的油给焖熟。

营养贴士

南瓜皮可以防治糖尿病，降低血糖，消除致癌物质，促进生长发育。

视觉享受：★★★ 味觉享受：★★★★ 操作难度：★★★

奶油南瓜汤

TIME 10 分钟

菜品特点
香浓可口
营养早餐

- **主料**：甜南瓜 500 克，牛奶 500 克
- **配料**：切片奶酪 1 张，黄油、洋葱、白酒、白糖各适量，葱花少许

操作步骤

①把南瓜去皮，切成小块；锅中热黄油炒香切好的洋葱，放入南瓜，喷白酒，炒至南瓜熟透，加少量水再用小火煮 10 分钟，然后用勺子将南瓜捣碎。

②把奶酪剪开放入南瓜汤中，倒入准备好的牛奶并搅拌，再用小火炖煮 10 分钟，加入适量的白糖，撒葱花即可。

操作要领

一定要选用深绿色外皮的甜南瓜，这样南瓜汤的味道才更香甜。

营养贴士

南瓜含有丰富的维生素 B，牛奶中则蕴含钙质和蛋白质，可以帮助儿童健康生长。

- **主料**：水发蹄筋 200 克，金瓜 1 个
- **配料**：枸杞子、鸡浓汤、盐、葱花各适量

操作步骤

①水发蹄筋洗净，切段。

②金瓜自距顶部 1/3 处切开，去瓤，制成金瓜盅，用沸水余过。

③鸡浓汤入锅烧开，加入蹄筋条，加盐调味，倒入金瓜盅内，放枸杞子，撒葱花，加盖，入笼蒸透即可。

操作要领

选择颜色光亮、半透明状、干爽无杂味的蹄筋，这样的蹄筋品质最好。

营养贴士

蹄筋具有营养价值高、保健功能强以及食用口感佳的特点。

视觉享受：★★★★★ 味觉享受：★★★★ 操作难度：★★★

金瓜浓汤蹄筋

TIME 60 分钟

菜品特点
造型别致
滋补营养

蒸双素

TIME 20分钟

菜品特点
一菜两味
口味独特

● **主料**：地瓜叶、南瓜各适量
● **配料**：面粉、食盐、味精、蒜泥各适量

视觉享受：★★★★
味觉享受：★★★★
操作难度：★

操作步骤
①将地瓜叶洗净，加食盐、味精拌匀，放入面粉中，使面粉均匀沾在地瓜叶上。
②将南瓜洗净，去瓤，切成丝，与地瓜叶同蒸15分钟即可，吃时与蒜泥同食。

操作要领
地瓜叶一定要选取鲜嫩的。

营养贴士
地瓜叶有提高免疫力、止血、降糖、解毒、防治夜盲症等保健功能。

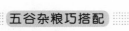

藕

概述 >>>

　　藕，又称莲藕，原产于印度的睡莲科植物，在我国的栽培历史较长，诸多省分均有栽培。藕根茎粗壮，肉质细嫩，鲜脆甘甜，洁白无瑕，可生食也可做菜，且具有相当高的药用价值。其根、叶、花须、果实，无不为宝，都可滋补入药。用藕制成粉，能消食止泻，开胃清热，滋补养性，预防内出血，是妇孺童妪、体弱多病者上好的流质食品和滋补佳珍。

营养成分

　　藕可食用部分达 88%。每 100 克含能量 293 千焦，水分 80.5 克，蛋白质 1.9 克，脂肪 0.2 克，膳食纤维 1.2 克，碳水化合物 15.2 克，胡萝卜素 20 微克，视黄醇当量 3 微克，硫胺素 0.09 毫克，核黄素 0.03 毫克，烟酸 0.3 毫克，维生素 C44 毫克，维生素 E0.73 毫克，钾 243 毫克，钠 44.2 毫克，钙 39 毫克，镁 19 毫克，铁 1.4 毫克，锰 0.23 毫克，铜 0.11 毫克，磷 58 毫克，硒 0.39 微克。

功效主治

　　中医认为，藕是一款冬令进补的保健食品，既可食用，又可药用。藕生食能凉血散瘀，熟食能补心益肾，可以补五脏之虚，强壮筋骨，滋阴养血，同时还能利尿通便，帮助排泄体内的废物和毒素。吃藕，能起到养阴清热、润燥止渴、清心安神、美容祛痘的作用。

TIME 30分钟

菜品特点

香浓可口
营养早餐

银干花腩蒸莲藕

◗ **主料：** 莲藕 1 节，花腩肉适量

◗ **配料：** 生姜 1 块，银鱼干 20 克，花生油、盐、料酒、葱花各适量

视觉享受：★★★★★
味觉享受：★★★★
操作难度：★★

🥄 操作步骤

①花腩肉切成片，用盐和料酒腌渍一段时间。

②莲藕洗净去皮，切成薄片，铺在盘上，撒一点盐，上面放上花腩肉，再放上银鱼干。

③生姜切成丝，和葱花一起撒在银鱼干上，再淋点花生油在上面，水开后上锅蒸 10 分钟左右即可。

🔥 操作要领

其他食用油也可以，以花生油味道最佳。

☞ 营养贴士

吃藕，能起到养阴清热、润燥止渴、清心安神的作用。

119

视觉享受：★★★★★　味觉享受：★★★★　操作难度：★★

韭青炒卤藕

TIME 15分钟

菜品特点
做法简单
香味独特

主料： 卤藕、韭青各适量
配料： 红椒1个，油、盐、老抽各适量

🍳 操作步骤

①韭青切段；卤藕切条；红椒去蒂及籽，切丝。
②锅中倒适量油，油热后下入红椒丝和韭青段，煸炒出香味后加一点盐，再下入卤藕同炒2分钟左右，加一点老抽上色，翻炒均匀即可。

🔥 操作要领

因为卤藕是咸的，所以要分开放盐。

👉 营养贴士

此菜有润肠、补钙、养胃、消食、养肝、防治贫血、养血的功效。

主料： 莲藕400克，青杭椒、红辣椒各75克
配料： 食用油75克，食盐、味精、生抽、胡椒粉、鸡精粉各适量

🍳 操作步骤

①莲藕去皮切丁，用清水洗两遍；青杭椒、红辣椒各切圈。
②热锅凉油，先炒青杭椒，五成熟后加点生抽提味，然后放入红辣椒、藕丁和食盐，翻炒3分钟后加入味精、胡椒粉、鸡精粉调味，至熟出锅即可。

🔥 操作要领

莲藕切成丁后一定要再洗两遍去泥沙。

👉 营养贴士

莲藕具有清热生津、凉血止血等作用。

视觉享受：★★★★★　味觉享受：★★★★★　操作难度：★★

杭椒炒藕丁

TIME 15分钟

菜品特点
味道鲜美
色泽鲜艳

菜品特点
香甜营养
外酥内嫩

蜜汁玫瑰藕丸

- **主料：** 洞庭湖莲藕 1000 克，面粉适量
- **配料：** 花生仁、芝麻、冬瓜糖、果仁各 20 克，番茄酱 30 克，玫瑰糖 50 克，白糖 200 克，植物油 1000 克（实耗 100 克）

视觉享受：★★★★★
味觉享受：★★★★
操作难度：★★★

操作步骤

①莲藕去皮洗净，打成茸，加适量面粉调和成藕团。
②将花生仁、芝麻、果仁、冬瓜糖、玫瑰糖制成糖馅；将藕团包馅心，做成直径为 3 厘米的球形。
③植物油烧热，下入藕丸，小火炸至金黄色捞出。
④锅内放白糖、清水、番茄酱熬成蜜汁，倒入藕丸，焖制片刻，使蜜汁渗透入味即可。

操作要领

炸时要掌握好油温。

营养贴士

莲藕不仅有很多营养，它还有许多医疗功效，如清热润肺、健脾开胃等。

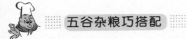

视觉享受：★★★★ 味觉享受：★★★★★ 操作难度：★★★

莲藕排骨粥

TIME 60 分钟

菜品特点
荤鲜味美
暖身驱寒

主料： 大米 100 克，藕、猪小排各适量

配料： 葱花、姜片、枸杞子各适量，盐、料酒各少许

操作步骤

①猪小排洗净、斩块、放入锅中，加入清水，放料酒、姜片，大火烧开，捞出；藕刨去外皮，切厚片；大米淘净。

②将排骨、藕、大米一同放入锅中，加入足量清水，炖至排骨酥烂、米汤黏稠时加盐调味，最后撒上葱花和枸杞子即可。

操作要领

排骨捞出后，其表面会附有浮沫，是猪肉及猪骨组织中残留的血液、油脂及杂质，应用水冲去。

营养贴士

此粥有美容、润肺、养胃、消食、安胎、消炎、养肾、防治贫血和养血的功效。

主料： 莲藕 1 节

配料： 面粉、玉米淀粉、啤酒、白糖、油、泡打粉、盐、朱古力糖针各适量

操作步骤

①莲藕洗净，切 2 厘米厚的小块，面粉、玉米淀粉、泡打粉、盐、啤酒调成炸糊。

②莲藕裹炸糊，中火炸至硬壳捞起沥油，小火复炸至金黄色捞出，白糖、水淀粉烧成芡汁浇上，撒上朱古力糖针即可。

操作要领

啤酒代替清水来调糊挂浆，做出的藕会非常鲜嫩、香脆。

营养贴士

吃藕，能起到养阴清热、润燥止渴、清心安神的作用。

视觉享受：★★★ 味觉享受：★★★★ 操作难度：★★★

啤酒炸藕

TIME 30 分钟

菜品特点
口感脆香
清淡甜香

五谷杂粮巧搭配

★ ★ ★ ★ ★

干果类

★ ★ ★ ★ ★

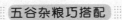

枣

概述 >>>

　　枣，指枣树的成熟果实，长圆形，未成熟时绿色，成熟后褐红色。原产我国，生长于海拔 1700 米以下的山区、丘陵或平原，南北各地均有分布。枣营养丰富，可鲜食，也可制成干果或蜜饯果脯等。其品种繁多，大小不一，果皮和种仁药用，果皮能健脾，种仁能镇静安神；果肉可提取维生素 C 及酿酒；核壳可制活性炭。去水分的红枣肉还是加工红糖的原料。

营养成分

　　成熟的红枣含有天然的果糖成分，还含有蛋白质、钙、铁、镁、胡萝卜素、维生素 C、维生素 B_1、维生素 B_2 等人体需要的微量元素。其含有的糖类物质，主要为葡萄糖，也含有果糖、蔗糖以及由葡萄糖和果糖组成的低聚糖、阿拉伯聚糖及半乳醛聚糖等，并含有大量的核黄素、硫胺素、烟酸等，具有较强的补养作用，能提高人体免疫功能，增强抗病能力。

功效主治

　　红枣历来是益气、养血、安神的保健佳品，味甘、性平，入脾、胃经，有补益脾胃、滋养阴血、养心安神、缓和药性的功效，可用于治疗脾气虚所致的食少、泄泻，阴血虚所致的妇女脏躁症，对高血压、心血管疾病、失眠、贫血等病人也很有益，病后体虚食用大枣也有良好的滋补作用。

蜜枣蒸乌鸡

TIME 60 分钟

菜品特点
补血养虚
延缓衰老

➡ **主料:** 乌鸡半只,红枣 8 个
👌 **配料:** 姜片、枸杞子、油、盐、生抽各适量

视觉享受: ★★★
味觉享受: ★★★★
操作难度: ★★

🔄 操作步骤

①乌鸡洗净斩成小块;枸杞子和红枣用水略泡,红枣切开去核。

②将所有材料放入盘中,用适量油、盐、生抽拌匀,腌 15 分钟。

③锅内注水,烧开后放入整盘鸡肉,隔水蒸 15 分钟左右即可。

🔧 操作要领

蒸鸡时,蒸了 10 分钟后可以开锅用筷子把鸡肉略翻一下,以免内部不熟。

👉 营养贴士

乌鸡用红枣和枸杞子一起蒸,味道更清甜,补血效果更佳。

视觉享受：★★★★ 味觉享受：★★★★ 操作难度：★★★

红枣百合粥

TIME 3小时

菜品特点
清心除烦
宁心安神

主料： 大米 100 克，糯米 50 克，红枣适量

配料： 百合 20 克，冰糖适量

操作步骤
①大米和糯米提前泡发好；百合和红枣洗净备用。
②将泡好的米倒入锅内，同时放入洗净的百合，开大火煮，时间大约 1 个小时即可。
③煮半个小时左右，放入红枣和冰糖继续盖盖子炖，时间一到至保温即可。

操作要领
百合应先用开水泡 1 次，以去一部分苦味。

营养贴士
此粥对自主神经紊乱、更年期综合症者有清虚火、安心神、治失眠之疗效，适于更年期综合症调理、失眠调理、补血调理等，尤其适宜女性。

主料： 酸枣 100 克

配料： 白糖适量

操作步骤
①酸枣放入锅内，加适量水。
②文火煮 60 分钟，加入白糖即可。

操作要领
此汤一定要用文火煮。

营养贴士
酸枣具有很好的开胃健脾、生津止渴、消食止滞的疗效。

视觉享受：★★★★ 味觉享受：★★★★ 操作难度：★

酸枣开胃汤

TIME 60分钟

菜品特点
清新可口
健脾开胃

TIME 2小时

菜品特点
暖心暖胃
防为感冒

生姜红枣粥

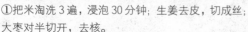

➡ **主料：** 粳米或糯米 150 克

➡ **配料：** 大枣 10 个，生姜 10 克，葱花适量

观赏享受：★★★★
味觉享受：★★★★
操作难度：★★

🔄 操作步骤

①把米淘洗 3 遍，浸泡 30 分钟；生姜去皮，切成丝；大枣对半切开，去核。

②将米放入锅中，简单干炒一下，再放入足量清水。

③用勺子将米搅拌均匀后，放入大枣和生姜丝，文火慢煮，煮熟后撒入葱花。

🍴 操作要领

不喜食姜的可以将生姜切成片，粥煮熟后拣出。

🍲 营养贴士

此粥有温胃散寒、温肺化痰的作用。

127

视觉享受：★★★★　味觉享受：★★★★　操作难度：★★★

红枣枸杞豆浆

TIME 30分钟

菜品特点
益气养血
延缓衰老

主料： 黄豆45克，红枣15克，枸杞子10克

配料： 糖适量

操作步骤
①黄豆洗净，用水浸泡6～16小时；红枣洗净去核；枸杞子洗净备用。
②将泡好的黄豆、红枣和枸杞子一起放入豆浆机，加入适量水，打碎煮熟，再用豆浆滤网过滤后加糖食用。

操作要领
在夏天温度较高的时候，黄豆在室温下浸泡可能造成细菌过度繁殖，影响豆浆的风味，建议将其放在冰箱里面浸泡。

营养贴士
此款豆浆具有补虚益气、安神补肾、改善心肌营养的功效，适合心血管疾病患者饮用。

主料： 猪肘子1个，红枣20克

配料： 枸杞子5克，料包（八角、花椒、小茴香各少许）1个，精盐、葱段、姜块、料酒、生抽、老抽、鸡精、高汤、冰糖各适量

操作步骤
①将肘子用开水焯一下捞出，用凉开水洗去血沫。
②取出压力锅的内锅，放入肘子、高汤、红枣，加入冰糖、枸杞子、生抽、老抽、料酒、精盐、鸡精、料包、姜块、葱段，盖上锅盖，调到"烹饪挡"，压1个小时，待"浮子阀"回位后取出即可。

操作要领
调料中可去掉生抽、料包，重用冰糖、蜂蜜，称冰糖红枣煨肘子。

营养贴士
此菜使皮肤丰满、润泽，同时也是强体增肥的食疗佳品。

视觉享受：★★★★　味觉享受：★★★★★　操作难度：★★

红枣炖肘子

TIME 2小时

菜品特点
色泽枣红
浓烂醇香

红枣银耳羹

TIME 40分钟

菜品特点
简单营养
美味可口

➡ **主料：** 干银耳15克，红枣、莲子各30克
👉 **配料：** 胡萝卜少许，冰糖适量

视觉享受：★★★★
味觉享受：★★★★
操作难度：★★★

🐟 操作步骤

①将干银耳与莲子用清水泡发，银耳择去老蒂及杂质后撕成小朵，然后与泡过的莲子一起过水冲洗干净，沥干备用。
②红枣去核，洗净备用；胡萝卜去皮，洗净切片。
③将银耳、莲子、红枣、胡萝卜、冰糖倒入砂锅中，加入小半锅水，盖上盖，大火烧开后，改小火，炖30分钟左右即可。

🍳 操作要领

将红枣里的核去掉，这样更入味。

👉 营养贴士

银耳味甘、淡、性平、无毒，既有补脾开胃的功效，又有益气清肠、滋阴润肺的作用。

129

花生

概述 >>>

花生是蝶形花科植物花生的种子，世界公认的健康食品，又名落花生、地果、唐人豆，滋养补益，可延年益寿，因而民间称为"长生果"，并且和黄豆一样被誉为"植物肉""素中之荤"。其营养价值比粮食类高，可与鸡蛋媲美。花生的用途很广，既是主要干果食品又是制作食品、糖果、榨油的主要原料。食用方法也比较广泛，烘烤、炒、炸、煮、腌皆可。从花生中提取的油脂呈淡黄色，透明、芳香宜人，可提取食用油。

营养成分

花生含有蛋白质、脂肪、糖类、维生素A、维生素B_6、维生素E、维生素K以及矿物质钙、磷、铁等营养成分，可提供8种人体所需的氨基酸及不饱和脂肪酸，含卵磷脂、胆碱、胡萝卜素、粗纤维等有利人体健康的物质，其营养价值不亚于牛奶、鸡蛋或瘦肉。

功效主治

花生中的锌元素含量普遍高于其他油料作物。锌能促进儿童大脑发育，有增强记忆的功能，可激活中老年人脑细胞，有效延缓人体过早衰老，具有抗老化作用。花生含钙量丰富，可以促进儿童骨骼发育，并能防止老年人骨骼退行性病变发生。此外，花生还具有凝血止血、增强记忆的药用价值和降低胆固醇、预防肿瘤的食疗价值。

花仁肉丁

TIME 15分钟

菜品特点
润肺化痰
滋养调气

➡ **主料**：猪肉（瘦）200克，花生仁（生）50克

➡ **配料**：葱片、蒜片各15克，姜片5克，酱油15克，盐10克，味精5克，料酒8克，淀粉（玉米）4克，花生油25克

视觉享受：★★★★
味觉享受：★★★★★
操作难度：★★★

🐾 操作步骤

①将猪肉洗净切丁，用盐腌过；用酱油、盐、料酒、味精、淀粉调成调味汁。

②炒锅内倒入适量油，烧热，下入花生仁炸至焦黄，捞出沥油。

③将炒锅内油烧热，将肉丁炒散，放葱片、姜片、蒜片稍炒，再烹入调好的汁，放入花生仁，翻炒均匀即可。

🐾 操作要领

猪肉事先用盐腌一下，可以更入味。

🐾 营养贴士

此菜可做贫血调理食谱、滋阴调理食谱、便秘调理食谱、青少年食谱。

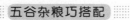

视觉享受：★★★★　味觉享受：★★★★　操作难度：★★

芹菜拌花生米

TIME 20分钟

菜品特点

味道香脆
清淡可口

🔵 **主料：** 芹菜200克，花生仁200克

🔵 **配料：** 姜丝、蒜末各5克，盐、味精、香油各适量

🔄 操作步骤

①将芹菜根和叶片去掉，切成2厘米长的段，用开水焯一下，捞出备用。

②花生仁提前泡几个小时后再用水煮熟，倒入焯好的芹菜中，加入姜丝、蒜末、盐、味精、香油，调匀即可装盘食用。

⚡ 操作要领

也可以加入胡萝卜同拌，方法是：胡萝卜切长条，过热水焯一下，凉后放进一起拌。

👉 营养贴士

此菜适合肥胖病、贫血、高血脂、高血压、动脉硬化、消化不良、呼吸道出血、慢性肝炎等病人食用。健康人常吃，有开胃增食的功效。

🔵 **主料：** 花生仁（生）300克，大蒜100克

🔵 **配料：** 陈皮5克，盐2克，味精1克，高汤适量

🔄 操作步骤

①花生仁洗净；大蒜去皮洗净。

②锅内添高汤，将花生仁、大蒜、陈皮一起放入，武火煮沸后用文火煮至花生仁烂熟，加盐、味精调味即可。

⚡ 操作要领

此菜烹制时，一定要先用武火煮沸，再用文火将材料煮熟。

👉 营养贴士

此菜可做健忘调理食谱、止血调理食谱、动脉硬化调理食谱等。

视觉享受：★★★★　味觉享受：★★★★　操作难度：★★★

蒜焖花生

TIME 90分钟

菜品特点

蒜香诱人
鲜鲜可口

陈醋花生

⊖ **主料:** 花生仁 400 克

⊖ **配料:** 洋葱半个，青、红尖椒各 2 个，陈醋、味极鲜、糖、盐、油各适量

视觉享受：★★★★
味觉享受：★★★★★
操作难度：★★★

🔄 操作步骤

①将洋葱切成小方丁；青、红尖椒切成小圈；用陈醋与味极鲜、糖、盐调成料汁。

②凉油下入花生仁，小火不停翻炒至色泽金黄。

③取一容器，里面放入切好的洋葱丁、尖椒圈和凉透的花生，倒入调好的料汁即可。

👆 操作要领

炒花生米时注意把握好火候。

👉 营养贴士

此菜具有发散去热、调顺肠胃的功效。

板栗

概述 >>>

　　板栗，又名栗子、大栗、毛栗、栗果，是壳斗科栗属的植物，原产于中国，分布于越南、台湾以及中国大陆地区，生长于海拔 370~2800 米的地区，多见于山地，已由人工广泛栽培。板栗坚果呈紫褐色，被黄褐色绒毛，或近光滑，果肉淡黄，味道甘甜芳香，属健胃补肾、延年益寿的上等果品。我国板栗品种大体分为北方栗和南方栗两大类，著名的品种有明栗、尖顶油栗、明拣栗、九家种、魁栗、浅刺大板栗等。

营养成分

　　板栗栗实中含有丰富的营养成分，淀粉 60%~71%，糖分 7%~23%，蛋白质 5.7%~10.75%，脂肪 2.0%~7.4%，还含有多种维生素和无机盐。新鲜板栗富含维生素 C 和钾，也含有叶酸、铜、维生素 B_6、维生素 B_1 和镁；煮好的板栗富含钾，也含有维生素 C、铜、镁、叶酸、维生素 B_6、维生素 B_1、铁和磷。

功效主治

　　板栗味甘、性温，入脾、胃、肾经，有养胃健脾、补肾强筋、活血止血的功效，主治脾胃虚弱、反胃、泄泻、体虚腰酸腿软、吐血、衄血、便血、金疮、折伤肿痛、瘰疬肿毒等症。适合于治疗肾虚引起的腰膝酸软、腰腿不利、小便增多和脾胃虚寒引起的慢性腹泻，以及外伤后引起的骨折、瘀血肿痛和筋骨疼痛等症。其所含的丰富的不饱和脂肪酸和维生素，能防治高血压、冠心病和动脉硬化等疾病。经常食用板栗，有强身愈病的功效。

香菇炒板栗

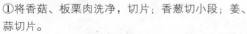

TIME 20分钟

菜品特点
益智健脑
补充营养

🔹 **主料:** 鲜香菇250克,板栗肉100克

👉 **配料:** 香葱、姜、大蒜(白皮)各5克,鸡蛋50克,淀粉(玉米)30克,胡椒粉、味精各2克,盐、白糖各5克,菜籽油15克,高汤100克,麻油适量

视觉享受:★★★
味觉享受:★★★★
操作难度:★★★

🔧 操作步骤

①将香菇、板栗肉洗净,切片;香葱切小段;姜、蒜切片。

②将栗子片用沸水煮至六成熟,捞出沥净水;香菇装入碗内,加鸡蛋液、淀粉拌匀。

③锅中倒适量菜籽油,烧至六成热,下入香菇片,炒至微黄,放入板肉、香葱段、姜片、蒜片略炒,加高汤烧开,加盐、胡椒粉、白糖、味精,勾薄芡,淋麻油即可。

🔧 操作要领

最后一道"淋麻油"的步骤,麻油也可换成其他明油。

👉 营养贴士

此菜可做气血双补食谱、营养不良食谱、益智补脑食谱和青少年食谱。

视觉享受：★★★★ 味觉享受：★★★★★ 操作难度：★★★

板栗烧仔鸡

TIME 30分钟

菜品特点
鲜嫩烧糯
醇出鲜香

➡ **主料：** 仔母鸡1000克，鲜板栗200克
➡ **配料：** 酱油30克，盐、味精各2克，蚕豆淀粉10克，植物油1000克，熟猪油20克，白糖、鸡汤各适量

操作步骤

①将仔母鸡洗净，砍去头爪，胸翅部位切成6块，其他部位切成3厘米见方的块，鸡腿剁成两段，鸡脖剁成4厘米的段，鸡腕破成4块，剖小方格花纹。
②板栗在壳面上用刀砍成十字形，放入沸水锅中用旺火煮5分钟，取出脱壳。
③炒锅上火，倒入植物油，旺火烧至七成热，放入鸡块，炸5分钟捞起。
④倒出锅中油，加适量鸡汤、板栗、酱油、盐、白糖、鸡肫、鸡肝、鸡块，用旺火烧10分钟改中火，至肉块松爽、板栗粉糯时，加入熟猪油、味精，用蚕豆淀粉勾芡，起锅装盘。

操作要领

选用1000克重的仔母鸡，整理时砍去头爪留肫肝。焖鸡须先用旺火，再用中火焖至脱骨软烂为止。

营养贴士

母鸡肉蛋白质的含量比例较高，种类多，而且消化率高，很容易被人体吸收利用，有增强体力、强身壮体的作用。

➡ **主料：** 板栗250克，丝瓜150克
➡ **配料：** 香菇15克，精盐5克，水淀粉15克，鲜汤250克，调和油500克，味精、白糖各少许

操作步骤

①丝瓜去皮，洗净切块；香菇洗净，放入清水中浸泡，变软后捞出切条；板栗洗净，放锅中煮8分钟，捞出再放入清水中浸泡片刻，然后捞出沥水，取肉备用。
②锅置火上，倒调和油烧热，四成热时下入丝瓜块煎炸，捞出沥油；继续烧油，七成热时倒入板栗肉煎炸，炸熟捞出沥油。
③锅留底油，油热后倒入板栗肉、香菇炒匀，倒入鲜汤，加精盐、白糖、味精调味，以大火烧煮，煮沸后转文火焖煮。
④板栗变软后，倒入丝瓜炒匀，最后用水淀粉勾芡即成。

操作要领

丝瓜等板栗焖软后，再下锅。

营养贴士

丝瓜不仅有食用价值，还可供药用，有清凉、利尿、活血、通经、解毒、抗过敏、美容之效。

视觉享受：★★★ 味觉享受：★★★★ 操作难度：★★

板栗香菇烩丝瓜

TIME 30分钟

菜品特点
色彩分明
口感香软

雪花蒸板栗

TIME 20分钟

菜品特点
咸鲜清淡
香而不腻

- **主料：** 素腰花 200 克，板栗 150 克
- **配料：** 油菜 2 棵，红椒丝、葱白丝各少许，精盐、味精、水淀粉、清汤各适量

视觉享受：★★★★
味觉享受：★★★★★
操作难度：★★★

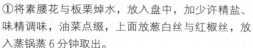 操作步骤

①将素腰花与板栗焯水，放入盘中，加少许精盐、味精调味，油菜点缀，上面放葱白丝与红椒丝，放入蒸锅蒸 6 分钟取出。
②锅入清汤，放入精盐、味精，烧开用水淀粉勾薄芡，淋在蒸好的素腰花与板栗上即成。

操作要领

此菜芡汁不宜太浓，以保持原料本身的鲜味。

营养贴士

板栗有养胃健脾、补肾强筋的功用。

137

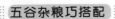

榛子

概述 >>>

　　榛子是榛树的果实，又称山板栗、尖栗、棰子等。榛树在我国分布地域很广，全国除新疆、福建、台湾、广东和广西外，其他各地均有栽培，以东北三省的种植规模最大。榛子形似栗子，外壳坚硬，果仁肥白而圆，有香气，含油脂量很大，吃起来特别香美，余味绵绵，因此成为最受人们欢迎的坚果类食品之一，有"坚果之王"的称呼，与杏仁、核桃、腰果并称为"四大坚果"。

营养成分

　　榛子含有人体必需的 8 种氨基酸及多种微量元素和矿物质，其含量是其他坚果的几倍至几十倍。其中，磷和钙有利于人体骨骼及牙齿的发育；锰元素对骨骼、皮肤、肌腱、韧带等组织均有补益强健作用。其含有的丰富脂肪主要是人体不能自身合成的不饱和脂肪酸，既可以促进胆固醇的代谢，又能够软化血管，维持毛细血管的健康，对高血压、动脉硬化等心血管疾病有一定的预防和治疗作用。

功效主治

　　中医认为，榛子有补脾胃、益气力、明目健行的功效，并对消渴、盗汗、夜尿多等肺肾不足之症颇有益处。相比较其他坚果，榛子有许多突出的优点：①对体弱、病后虚羸、易饥饿的人都有很好的补养作用；②能有效地延缓衰老，防治血管硬化，润泽肌肤；③可以治疗卵巢癌和乳腺癌以及其他一些癌症，延长病人的生命期；④开胃，助消化，防治便秘；⑤可以保持皮肤表面水分，促进皮肤新陈代谢，抑制皮肤炎症、老化、防止日晒红斑，还有生发养发的功效。

炒榛子酱

TIME 25分钟

菜品特点
味道鲜
风格独特

● 主料：瘦猪肉 150 克，生榛仁 100 克

● 配料：荸荠、葱花、姜末各适量，植物油 250 克（约耗 15 克），熟猪油 10 克，料酒 10 克，黄酱 10 克，香油 5 克，盐、食碱各少许

视觉享受：★★★
味觉享受：★★★★
操作难度：★★★

操作步骤

①用刀将瘦猪肉片成 2 厘米厚的大片，剖上十字花刀，切成 2 厘米见方的丁；荸荠也切成同样大小的丁。

②盆中注入开水，放入生榛仁，加入食碱，用竹刷子将榛仁外皮刷净，用开水冲洗两遍捞出，晾干。坐煸锅，注入植物油，烧至六成热，放入生榛仁，用温油炸至金黄色时捞出，控油。

③坐煸锅，注入熟猪油，烧至六成热，放入肉丁煸炒，待肉丁内的水分炒出来时，锅中响声加大，随即放入姜末、黄酱继续煸炒。

④待黄酱裹匀肉丁并散发出香味时，加入料酒、盐煸炒均匀，放入荸荠和榛仁，淋上香油翻炒均匀，撒上葱花即可。

操作要领

挑选榛子时，应选择个头大、饱满、色泽黄白、仁肉白净、壳薄且无木质毛绒的，这样的榛子口感细嫩、香味更佳。

营养贴士

此菜有清热去火、润肠、补血、健脑、促发育的功效。

腰果

概述 >>>

腰果是世界"四大干果"之一，果实为肾形，因而得名，原产热带美洲，主要生产国是巴西、印度，我国于50多年前引进种植。腰果果仁的营养价值很高，含有丰富的蛋白质、脂肪和碳水化合物，味道甘甜，清脆可口，是很理想的鲜果。除生食之外，也可加工成果汁、果冻、果酱、蜜饯及用来酿酒等，并有利水、除湿、消肿之功，可防治肠胃病、慢性痢疾等。

营养成分

腰果营养丰富，含脂肪高达47%，蛋白质21.2%，碳水化合物22.3%，并含A、B_1、B_2等多种维生素和矿物质，尤其是其中的锰、铬、镁、硒等微量元素，具有抗氧化、防衰老、抗肿瘤和抗心血管病的作用。而所含的脂肪多为不饱和脂肪酸，其中油酸占总脂肪酸的67.4%，亚油酸占19.8%，是高血脂、冠心病患者的食疗佳果。

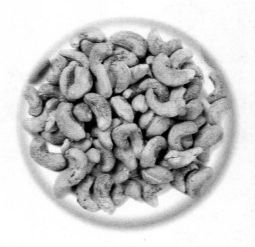

功效主治

腰果性平、味甘，归脾、胃、肾经，具有补脑养血、补肾、健脾、下逆气、止久渴的功效。它含有丰富的油脂，可以润肠通便、润肤美容、延缓衰老。经常食用腰果可以提高机体抗病能力，增进食欲，使体重增加。同时，腰果含丰富的维生素A，是优良的抗氧化剂，能使皮肤有光泽、气色变好。腰果还具有催乳的功效，有益于产后乳汁分泌不足的妇女。此外，腰果中含有大量的蛋白酶抑制剂，能控制癌症病情。

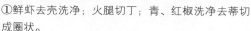

TIME 15分钟

菜品特点
鲜美酥脆
唇齿留香

腰果炒虾仁

⊖ **主料:** 鲜虾 200 克,腰果、火腿各 50 克
⊖ **配料:** 青、红椒各 1 个,葱姜末 10 克,料酒、盐、白胡椒粉、水淀粉、白糖、植物油各适量

视觉享受: ★★★★
味觉享受: ★★★★
操作难度: ★

操作步骤

①鲜虾去壳洗净;火腿切丁;青、红椒洗净去蒂切成圈状。

②小火烧热锅中的植物油,放入腰果炸熟,捞出沥干;鲜虾同样滑熟捞出。

③锅中留底油,放入葱姜末、青椒圈、红椒圈炒香,再加入鲜虾和火腿拌炒,调入料酒、盐、白胡椒粉、白糖和水淀粉,翻炒均匀后加入腰果,拌匀即可。

操作要领

在炸制虾球的时候一定要控制好油温。

营养贴士

腰果的营养价值很高;虾肉蛋白质、钙质丰富,具有开胃补肾的功效。

视觉享受：★★★ 味觉享受：★★★★ 操作难度：★★

怪味腰果

TIME 20分钟

菜品特点
口味独特
营养丰富

🔹 **主料：** 腰果300克

👉 **配料：** 白糖100克，辣椒粉10克，花椒粉、五香粉各5克，盐3克，味精2克

🔄 操作步骤

①腰果放入温油锅中炸熟，用漏勺捞出冷却。

②净锅中加入白糖及少量水，熬至黏稠时，加入辣椒粉、花椒粉、五香粉、盐、味精搅拌均匀。

③把腰果倒入锅中，裹上调料，出锅冷却即可。

⚠ 操作要领 ◀◀◀

给腰果裹调料时，均匀一些更美味。

👉 营养贴士

腰果含有丰富的油脂，可以润肠通便、润肤美容、延缓衰老。

🔹 **主料：** 玉米粒250克，腰果、松仁各50克，牛肉粒适量

👉 **配料：** 青豆、胡萝卜各20克，葱姜米、盐、油、糖、牛奶各适量

🔄 操作步骤 ◀◀

①将松仁和腰果分别炒香；再将牛肉粒、胡萝卜（切丁）和青豆分别用油煸炒一下。

②大火油热后，炒香葱姜米，放入洗净后的玉米粒及胡萝卜丁、青豆、牛肉粒一起翻炒，大约翻炒半分钟加盐和糖调味，再加入适量牛奶搅匀，待牛奶快收干时放入腰果和松仁出锅。

⚠ 操作要领 ◀◀◀

松仁需要慢火慢慢烘焙，腰果用凉油下锅慢慢煸炒。

👉 营养贴士

经常食用腰果可以提高机体抗病能力，增进食欲，使体重增加。

视觉享受：★★★★ 味觉享受：★★★★ 操作难度：★★

腰果松仁玉米

TIME 15分钟

菜品特点
润肤美容
延缓衰老

核桃

概述 >>>

核桃属于胡桃科，落叶乔木。核果球形，外果皮平滑，内果皮坚硬，有皱纹。果仁可以吃，可以榨油，也可以入药。原产于近东地区，又称胡桃、羌桃，与扁桃、腰果、榛子并称为世界著名的"四大干果"。既可以生食、炒食，也可以榨油、配制糕点、糖果等，不仅味美，而且具有卓越的健脑效果和丰富的营养价值，有"益智果""万岁子""长寿果"的美誉。

营养成分

核桃中 86% 的脂肪是不饱和脂肪酸，并富含铜、镁、钾、维生素 B_6、叶酸和维生素 B_1，也含有纤维、磷、烟酸、铁、维生素 B_2 和泛酸。每 50 克核桃中，水分占 3.6%，另含蛋白质 7.2 克，脂肪 31 克和碳水化合物 9.2 克。

功效主治

核桃有补肾强腰、固精缩尿、定喘润肠、黑须发的功效，可治疗神经衰弱、头昏、失眠、健忘、心悸、食欲缺乏、腰膝酸软、须发早白等症，能减少肠道对胆固醇的吸收，对动脉硬化、高血压和冠心病患者有益，并有温肺定喘和防止细胞老化的功效，还可以有效改善记忆力、延缓衰老并润泽肌肤。此外，核桃对癌症患者有镇痛、提升白细胞及保护肝脏等作用。

TIME 3小时

菜品特点
汤鲜味美
滋补营养

核桃炖牛脑

> **主料：** 核桃肉、牛脑、牛腱各适量
> **配料：** 姜片、枸杞子、精盐、料酒各适量

视觉享受：★★★★★
味觉享受：★★★★
操作难度：★★★★

操作步骤

①牛脑浸在清水中、撕去薄膜、除去红筋，牛脑、牛腱放入滚水中煮5分钟，取出冲洗净，牛腱切件。
②核桃肉放入无油的锅中略炒，再入滚水中煮3分钟，取出洗净。
③把牛脑、牛腱、核桃肉、姜片、枸杞子、料酒放入炖盅内，加入适量滚水，炖约3小时。食时用精盐调味。

操作要领

牛脑一定要从正规渠道购买新鲜产品。

营养贴士

牛脑富含蛋白质、磷、铜、脂肪，适宜消瘦，营养不良，免疫力低，记忆力下降，贫血等症状的人群。

视觉享受：★★★★ 味觉享受：★★★★★ 操作难度：★★★

桃仁板栗猪腰汤

TIME 3小时

菜品特点
香气浓郁
柔缓平稳

> **主料：** 板栗 300 克，核桃仁 50 克，猪腰 1 个，猪瘦肉 100 克

> **配料：** 姜片 10 克，盐 5 克，枸杞子适量

操作步骤

①板栗去壳、去皮，切片；猪腰切成两半，撕去白膜，切花刀，在开水锅中煮半分钟后捞出。

②猪瘦肉切成大块，同样放入开水中，煮半分钟后捞出，洗去血水。

③在锅中加入足量的水，水开后放入猪腰、猪瘦肉、板栗、核桃仁、枸杞子、姜片，大火煮 20 分钟，再转小火煮 2 小时 40 分钟，出锅前放盐调味即可。

操作要领

核桃仁上的褐色薄皮很有营养，不需要去除，直接煮就可以了。

营养贴士

板栗中含有丰富的维生素 B_1、维生素 B_2，其维生素 C 含量比西红柿还要高许多。

> **主料：** 鸡蛋、核桃仁各适量

> **配料：** 红糖少许，凉开水适量

操作步骤

①将核桃仁放凉开水中洗净；鸡蛋去掉蛋清，将蛋黄搅成蛋黄液。

②把蛋黄液和核桃仁搅拌在一起，然后放入一点点红糖，边搅拌边倒适量备好的凉开水，搅拌均匀后入锅用大火蒸，蒸成鸡蛋糊状即可。

操作要领

如果想更入味，可以将核桃仁切碎。

营养贴士

蛋黄富含珍贵的脂溶性维生素、单不饱和脂肪酸及磷、铁等微量元素，对人体生长十分有益。

视觉享受：★★★★ 味觉享受：★★★★ 操作难度：★★★

桃仁蒸蛋羹

TIME 30分钟

菜品特点
清香诱人
宝宝喜爱

松仁

概述 >>>

　　松仁是松科植物红松、白皮松、华山松等多种松的种子，又名罗松子、海松子、新罗松子、红松果、松子、松元，含脂肪、蛋白质、碳水化合物等，有很高的食疗价值，被视为"长寿果"，又被称为"坚果中的鲜品"，对老人最有益。作为食材，松仁可做糖果、糕点的辅料，又是重要的中药，久食可健身心、滋润皮肤、延年益寿。

营养成分

　　松仁富含蛋白质、碳水化合物、脂肪。其脂肪大部分为油酸、亚油酸等不饱和脂肪酸，还含有钙、磷、铁等微量元素。每100克松仁肉含蛋白质16.7克，脂肪63.5克，碳水化合物9.8克以及矿物质钙78毫克，磷236毫克，铁6.7毫克和不饱和脂肪酸等营养物质。

功效主治

　　松仁性温味甘，具有养阴、熄风、润肺、滑肠等功效，能治疗风痹、头眩、燥咳、吐血、便秘等病。健康人食之可减少疾病，增强体质。其所含的不饱和脂肪酸，对促进脑细胞发育有良好的功效，常被人们作为益智健脑的首选佳品。同时，松仁也是一种具有美肤养颜、丰肌健体功效的佳果，可滋润皮肤，增加皮肤弹性，推迟皮肤的衰老。此外，松仁中的磷和锰含量也非常丰富，对大脑和神经有很好的补益作用，是脑力劳动者的健脑佳品，对老年痴呆也有很好的预防作用。儿童、青少年及运动员经常适量食用松仁，还有助于补充能量、增加耐力和抗疲劳力。

松仁河虾球

TIME 15分钟

菜品特点
虾仁晶白
松子喷香

➡ **主料:** 河虾仁 400 克, 松仁 100 克

🔙 **配料:** 豌豆、枸杞子、鸡蛋液、盐、料酒、胡椒粉、鸡精、葱姜末、油、淀粉各适量

视觉享受: ★★★★
味觉享受: ★★★★★
操作难度: ★★★

🔄 操作步骤

①虾仁放入器皿中,用毛巾吸干水分,放入鸡蛋液、料酒、盐、鸡精、淀粉搅拌均匀,给虾仁上浆。

②坐锅点火倒入油,小火放入虾仁,滑熟后改大火,放入豌豆稍滑一下倒出,控干油。

③用锅中底油煸香葱姜末,倒少许水,加盐、鸡精、胡椒粉调味,放入虾仁、豌豆、枸杞子、松仁,大火翻炒,以水淀粉勾芡出锅即可。

🔼 操作要领

松仁以东北产的红松果仁为最好。

🔼 营养贴士

虾含有丰富的蛋白质,还含有丰富的钾、碘、镁、磷等矿物质及维生素 A、氨茶碱等营养成分。

莲子

概述 >>>

莲子是睡莲科水生草本植物莲的种子，又称白莲、莲实、莲米、莲肉。莲，又称荷、芙蓉、水芝，在我国大部分地区均有出产，尤以江西赣州、福建建宁产地最佳。秋季果实成熟时采割莲房，取出果实，除去果皮，干燥。莲子是老少皆宜的滋补品，有很多种吃法，既可以鲜生吃，也可以制作冰糖莲子、蜜饯莲子等，均十分美味。

营养成分

莲子营养十分丰富，不仅含有大量淀粉，还含有 β-谷甾醇、生物碱及丰富的矿物质和维生素。其钙、磷和钾含量非常丰富，除可以构成骨骼和牙齿的成分外，还有促进凝血，使某些酶活化，维持神经传导性，镇静神经，维持肌肉的伸缩性和心跳的节律等作用。丰富的磷还是细胞核蛋白的主要组成部分，能帮助机体进行蛋白质、脂肪、糖类代谢，并维持酸碱平衡，对精子的形成也有重要作用。

功效主治

莲子性平味甘、涩，入心、肺、肾经，具有补脾、益肺、养心、益肾和固肠等作用，适用于心悸、失眠、体虚、遗精、白带过多、慢性腹症等症。莲子中间青绿色的胚芽，叫莲子心，味苦却是一味良药，有清热、固精、安神、强心、降压之效，可治高烧引起的烦躁不安、神志不清和梦遗滑精等症。

红袍莲子

TIME 60 分钟

菜品特点
工艺细致
浓郁适口

● **主料:** 红枣 200 克，水发莲子 100 克，橘子 1 个
● **配料:** 冰糖、蜂蜜、糖桂花各适量

视觉享受: ★★★★★
味觉享受: ★★★★
操作难度: ★★

⟳ 操作步骤

①莲子用开水浸泡 30 分钟；红枣用温水浸泡至软，
去枣核。
②莲子去莲心，嵌在红枣中，排在碗中，加冰糖、
蜂蜜蒸 30 分钟。
③将冰糖、蜂蜜、糖桂花熬成汁。
④将橘子瓣摆放在红枣周围，浇上蜂蜜汁即可。

♙ 操作要领

做法很简单，不喜甜的可以少放糖。

☞ 营养贴士

此菜有安神、补脾胃、降压、活精的功效。

视觉享受：★★★★★ 味觉享受：★★★★ 操作难度：★★★★

拔丝莲子

TIME 30 分钟

菜品特点
白嫩鲜美
健康美味

⊙ **主料：** 水发莲子 200 克

⊙ **配料：** 白糖 50 克，清油 50 克，面粉、干淀粉各适量

🥄 操作步骤

①水发莲子洗净，沾上面粉和干淀粉。

②炒锅放油，烧至五六成热，下入莲子，炸至金黄色时捞出控油。

③锅中放白糖，加温水，烧开熬至浅黄色，下莲子，颠翻几下，使莲子裹匀糖汁，装在抹过熟油的盘子里即可。上桌时随盘带一碗凉开水供蘸食。

🔪 操作要领 ◀◀◀

拔丝所需的糖浆可以用水熬也可以用油熬，建议新手用水熬制，成功率相对较高。

👉 营养贴士

莲子营养价值高，富含蛋白质、碳水化合物、脂肪、钙、磷、铁及维生素 B_1、维生素 B_2 和胡萝卜素，有补脾、养心、补虚等功效。

⊙ **主料：** 糯米 250 克，莲子 60 克

⊙ **配料：** 荷叶 1 张，枸杞子、冰糖各适量

🥄 操作步骤 ◀◀

①莲子用水浸泡 2 小时，分成两半；糯米洗净用水浸泡 2 小时。

②荷叶洗净，切大片，放砂锅，清水煮开，小火 10 分钟后捞出。

③把糯米放入煮荷叶的水中，大火煮开后改小火。

④米煮至半熟时放入莲子煮一会儿，加入枸杞子煮开后，放冰糖搅拌均匀即可。

🔪 操作要领 ◀◀◀

莲子不宜放太早，否则会煮烂，影响口感。

👉 营养贴士

此粥有显著祛暑清热效果，冷却后放入冰箱冰镇几分钟后饮用，更是清爽宜人。

视觉享受：★★★★ 味觉享受：★★★★ 操作难度：★★★

莲子荷叶粥

TIME 60 分钟

菜品特点
清热养颜
夏日之选

TIME 60分钟

菜品特点
清热祛火
滋润养心

干蒸莲子

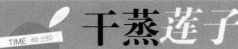

➡ **主料:** 莲子200克

➡ **配料:** 猪网油50克，白糖175克，糖桂花1克，绍酒10克

视觉享受：★★★★
味觉享受：★★★★
操作难度：★★

🌀 操作步骤

①将莲子洗净，放入冷水锅内泡透煮开，捞出；猪网油用开水烫一下捞出切成两块，用绍酒略腌。

②碗内铺上一块网油，放入莲子，加入白糖75克和糖桂花，盖上另一块网油，入蒸锅蒸约60分钟至莲子酥烂取出。

③炒锅内加适量水，放入余下白糖化开熬浓。

④莲子去掉网油，扣入盘内，浇上糖汁即成。

⚓ 操作要领

猪网油与一般植物油相比，有种不可替代的特殊香味，可以增进人们的食欲。

☞ 营养贴士

此菜有利尿消炎、降血压、降血脂、养心、防中风等功效。

五谷杂粮巧搭配

白果

概述 >>>

白果是著名的干果之一，学名银杏，又称"公孙果"，是银杏科落叶乔木银杏的干燥成熟种子，椭圆形，长 1.5~2.5 厘米，宽 1~2 厘米，厚约 1 厘米，表面黄白色或淡黄棕色，平滑坚硬，一端稍尖，另一端钝，边缘有 2~3 条棱线，中种皮（壳）质硬，内种皮膜质。一端淡棕色，另一端金黄色。种仁粉性，中间具小芯，味甘、微苦。

营养成分

白果属高级滋补品，营养丰富，含有粗蛋白、粗脂肪、还原糖、核蛋白、矿物质、粗纤维及多种维生素等营养成分。科学研究成果表明，每 100 克鲜白果中含蛋白质 13.2 克，碳水化合物 72.6 克，脂肪 1.3 克，且含有维生素 C、核黄素、胡萝卜素及钙、磷、铁、硒、钾、镁等多种微量元素，8 种氨基酸，具有很高的食用价值、药用价值、保健价值，对人类健康有神奇的功效。

功效主治

中医认为，白果能敛肺气、定痰喘、止带浊、止泻泄、解毒、缩小便，主治哮喘痰嗽、带下白浊、小便频数、遗尿等症。根据现代医学研究，白果还具有通畅血管、改善大脑功能、延缓老年人大脑衰老、增强记忆能力、治疗老年痴呆症和脑供血不足等功效。除此以外，白果还可以保护肝脏、减少心律不齐、防止过敏反应中致命性的支气管收缩，还可用于对付哮喘、移植排异、心肌梗塞、中风等症。

TIME 3小时

菜品特点
汤醇味鲜
异常美味

白果猪肚煲

● **主料**：猪肚 600 克，白果（鲜）50 克

● **配料**：红椒 30 克，姜片 5 克，盐 5 克，香菜、黑胡椒粉、鸡汤各适量

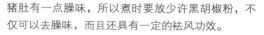
视觉享受：★ ★ ★ ★ ★
味觉享受：★ ★ ★ ★
操作难度：★ ★ ★

🍴 操作步骤

①猪肚洗净，切成块；白果剥去外壳洗净；红椒切成圈状；香菜洗净，切成段。

②在锅内放水烧开，把切好的猪肚块焯一下水。

③焯好的猪肚块及白果、姜片放入煲内，倒入适量的黑胡椒粉，加入鸡汤烧沸，撇去浮沫，盖好盖，用小火煲 3 小时左右，至猪肚熟烂时，放入红椒，加盐调味，撒上香菜即成。

🍴 操作要领

猪肚有一点臊味，所以煮时要放少许黑胡椒粉，不仅可以去臊味，而且还具有一定的祛风功效。

👉 营养贴士

此汤具有健脾开胃、滋阴补肾、祛湿消肿的作用，且补而不燥。

杏仁

概述 >>>

杏仁分为两种，即甜杏仁和苦杏仁两种。甜杏仁是产于我国南方的杏仁，又名南杏仁，味道微甜、细腻，多用于食用，还可作为原料加入蛋糕、曲奇和菜肴中，有润肺、止咳、滑肠等功效，对干咳无痰、肺虚久咳等症有一定的缓解作用；苦杏仁是我国北方产的杏仁，又名北杏仁，带苦味，多作药用，具有润肺、平喘的功效，对于因伤风感冒引起的多痰、咳嗽、气喘等症状疗效显著。

营养成分

杏仁富含蛋白质、脂肪、糖类、胡萝卜素、B族维生素、维生素C、维生素P以及钙、磷、铁等营养成分。其中，胡萝卜素的含量在果品中仅次于芒果。又由于杏仁含有丰富的脂肪油，有降低胆固醇的作用，因此对防治心血管系统疾病有良好的作用。甜杏仁更是一种健康食品，可以及时为机体补充蛋白质、微量元素和维生素，如铁、锌及维生素E。甜杏仁中所含的脂肪是健康人士所必需的，是一种对心脏有益的高不饱和脂肪。

功效主治

《本草纲目》中列举杏仁的三大功效：润肺，清积食，散滞。其中，清积食意思是说杏仁可以帮助消化、缓解便秘症状，对于年老体弱的慢性便秘者来说，服用杏仁的效果更佳。中医理论认为，杏仁具有生津止渴、润肺定喘的功效，常用于肺燥喘咳等患者的保健与治疗。此外，杏仁还有美容功效和抗肿瘤作用，能显著降低心脏病和很多慢性病的发病危险。

杏仁拌茴香

TIME 10分钟

菜品特点
开胃爽口
营养丰富

主料: 杏仁 100 克, 茴香 300 克
配料: 蔬之鲜、橄榄油各适量

视觉享受: ★★★★
味觉享受: ★★★★
操作难度: ★★★

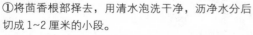
操作步骤

①将茴香根部择去, 用清水泡洗干净, 沥净水分后切成 1~2 厘米的小段。
②杏仁入沸水煮 5 分钟捞出, 放凉水中浸泡冷却。
③将茴香、杏仁一起放入容器, 加橄榄油、蔬之鲜, 拌匀后即可。

操作要领

杏仁不要用苦杏仁, 拌茴香不要放糖, 否则会影响这道菜的功效。

营养贴士

杏仁和茴香草均可入菜、入药, 杏仁可止咳平喘、润肠通便、祛风散寒及美白肌肤; 茴香有健胃、行气的功效, 有助于缓解痉挛、减轻疼痛, 胃寒者经常食用有养胃的作用。

视觉享受：★★★ 味觉享受：★★★★★ 操作难度：★★

杏仁拌苦菊

TIME 10分钟

菜品特点
清新淡雅
凉爽可口

● 主料：苦菊150克，杏仁50克
● 配料：蒜10克，醋、生抽各4克，盐、白糖各2克

操作步骤

①将杏仁用水泡24小时左右，中间换3~5次水。
②杏仁去皮后放入开水锅中焯3分钟；苦菊洗净切段；杏仁和苦菊一起放入盘中。
③将蒜捣成泥状，加入适量盐、生抽、醋及少许白糖调汁，再将料汁倒入菜中调匀即可。

操作要领

料汁是凉拌菜好与否的关键，调汁时加少许白糖，味道更好，但不要加多。

营养贴士

此菜有消炎降暑、养血下火、润肺化痰、护肝、美容养颜的功效。

● 主料：干杏仁、黄瓜、胡萝卜各适量
● 配料：盐适量，鸡精少许

操作步骤

①将干杏仁洗净并用清水泡发24小时以上。
②黄瓜洗净切小丁并用少许盐腌制10分钟；胡萝卜洗净切和黄瓜丁差不多大小的小丁。
③锅里加水，煮沸后将杏仁滚煮5分钟，再加入胡萝卜丁焯水，然后盛出晾凉。
④将腌过的黄瓜丁滤除水分，加入晾凉的胡萝卜丁、杏仁，再加入盐和鸡精调味、拌匀，最后入冰箱冷藏几十分钟即可。

操作要领

苦杏仁的食疗效果与甜杏仁相同，但有微毒性，故冲泡时需用高温热开水，以去毒性。

营养贴士

杏仁富含蛋白质、脂肪、糖类、胡萝卜素、B族维生素、维生素C、维生素P以及钙、磷、铁等营养成分，是食补的佳品。

视觉享受：★★★★ 味觉享受：★★★★ 操作难度：★★★

三色杏仁

TIME 60分钟

菜品特点
色彩清新
营养丰富

杏仁拌芥蓝

TIME 10 分钟

菜品特点
芥蓝脆嫩
杏仁醇香

主料： 芥蓝 200 克，杏仁 50 克

配料： 红椒适量，香油 10 克，白糖 5 克，精盐、味精各 1 克

视觉享受：★★★★
味觉享受：★★★★
操作难度：★★★★

操作步骤

①将芥蓝洗净，切 1 厘米长的段；红椒洗净切小菱形片。

②将芥蓝放入开水锅中，焯一下，即刻捞出沥干。

③用白糖、精盐、味精和少量水调成味汁，并浇入热香油。

④将芥蓝段、杏仁、红椒片同味汁一起拌匀即可。

操作要领

杏仁最好选择罐头杏仁。

营养贴士

芥蓝含有丰富维生素，能刺激人的味觉神经，增进食欲，加快胃肠蠕动，有助于人体消化。

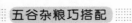

 百合

概述 >>>

　　百合是百合科属多年草本球根植物，主要应用价值在于观赏，其球根含丰富淀粉，部分品种可作为蔬菜食用。如兰州百合，含糖量高，粗纤维少，肉质细腻，还含有其他有益成分，以食用价值著称于世，迄今已有450多年。尤其是鲜百合，更是甘甜味美。百合还可制作成百合干、百合粉，在国际市场上价格很高。到目前为止，百合仍然是中药里的常用药材。

营养成分

　　百合中蛋白质的含量为21.29%，脂肪含量为12.43%，还原糖含量为11.47%，淀粉含量为1.61%，并含有钙、磷、铁等矿物质及维生素B、维生素C等营养素，还含有一些特殊的营养成分，如秋水仙碱等多种生物碱。这些成分综合作用于人体，不仅具有良好的营养滋补之功效，而且还对秋季气候干燥而引起的多种季节性疾病有一定的防治作用。

功效主治

　　百合洁白娇艳，鲜品富含黏液质及维生素，对皮肤细胞新陈代谢有益，常食百合，有一定美容作用。中医认为，百合具有润肺止咳、清心安神的作用，特别适合养肺、养胃的人食用，如慢性咳嗽、肺结核、口舌生疮、口干、口臭的患者，一些心悸患者也可以适量食用。另外，百合含多种生物碱，对白细胞减少症有预防作用，能升高血细胞，对化疗及放射性治疗后细胞减少症有治疗作用。在体内还能促进和增强单核细胞系统和吞噬功能，提高机体的免疫能力，对多种癌症均有较好防治效果。

木瓜百合粥

➡ **主料**：糯米、木瓜、百合各适量

➡ **配料**：冰糖适量

视觉享受：★★★★★
味觉享受：★★★★
操作难度：★★

🍴 操作步骤

①糯米先泡发2个小时；木瓜去皮切块；百合洗净。
②锅中放入适量的水，加入糯米、百合，小火慢慢地煲，锅开以后加木瓜，临出锅加冰糖调味。

🍴 操作要领

此粥一定要用小火煲。

👉 营养贴士

此粥含多种维生素，可滋润养颜，适合女性在春季食用。

视觉享受：★★★★ 味觉享受：★★★★★ 操作难度：★★★

百合炒南瓜

TIME 10分钟

菜品特点
口感清爽
令人喜欢

主料： 鲜百合、老南瓜各适量
配料： 红椒1个，蒜末20克，盐、植物油各少许

操作步骤

①鲜百合撕开，在水中泡2小时以上，以去掉一部分苦味；老南瓜去皮切片备用；红椒洗净切片。
②炒锅上火，倒油，油热后下蒜末爆香，下南瓜片，翻炒均匀。
③倒入百合、红椒片一起炒，加适量的盐，倒入适量的水，至老南瓜熟透即可。

操作要领

南瓜要小火炒制，避免水分消耗太快。中途翻动要小心，不要让南瓜焖锅。

营养贴士

百合有清润的功效，南瓜中则含有多糖、氨基酸、活性蛋白、类胡萝卜素及多种微量元素等，两种食材都有美容的功效。

主料： 百合30克，圆糯米50克
配料： 冰糖适量

操作步骤

①圆糯米洗净，加足量水浸泡20分钟，移到炉火上煮开，改小火煮10分钟，再加入冰糖调味。
②新鲜百合一瓣瓣剥下，削掉边上褐色部分，洗净后加入粥内同煮，待百合熟软，即可盛出食用。

操作要领

熬制此粥最好用新鲜百合。若是在中药房买的干百合，用时要先蒸软再加入，但是汤汁不要加入粥内，否则会有酸味。

营养贴士

此粥具有滋阴液、养心肺、安神止咳的功效，适用于肺阴不足的人。常人食用，可健康少病。

视觉享受：★★★★ 味觉享受：★★★★ 操作难度：★★

百合粥

TIME 30分钟

菜品特点
养阴润肺
宁心安神

蜜汁吉祥三宝

TIME 30 分钟

菜品特点
甜香软兰
整齐美观

● **主料**：大枣、莲子各 100 克，干百合 50 克
● **配料**：油、白糖各适量

视觉享受：★★★★★
味觉享受：★★★★
操作难度：★★★

⟳ 操作步骤

①干百合放入清水里充分泡发好；大枣、莲子放入水里泡软，再和泡发好的百合一起放入碗里。
②锅里放入适量的水，大火烧开，放入大枣、百合、莲子蒸 15 分钟。
③锅里放入油烧热，放入白糖及少量的水拌匀，用勺子搅拌熬至糖黏稠成蜜汁，浇在蒸熟的大枣、莲子、百合上面即可。

♙ 操作要领

干百合的快速泡发：干百合洗净，放入碗里，倒上适量开水，加盖浸泡 30 分钟。

☞ 营养贴士

此菜可调理失眠，清热去火，气血双补。

枸杞子

概述 >>>

　　枸杞子是茄科植物枸杞的成熟果实。枸杞为灌木或大灌木，生于沟岸、山坡灌溉地埂和水渠边等处，野生和栽培均有，分布在华北、西北等地区。枸杞子呈类纺锤形或长卵圆形，略扁，表面红色，微有光泽，顶端有小突起状的花柱痕，基部有白色的果柄痕。果皮柔韧、皱缩，果肉肉质柔润而有黏性，内有种子多枚，类肾形，扁而翘，浅黄色或棕黄色，味甜而微酸。枸杞子服用方便，可入药、嚼服、泡酒。但外邪实热、脾虚有湿及泄泻者忌服。

营养成分

　　枸杞子中含有 14 种氨基酸，并含有甜菜碱、玉蜀黄素、酸浆果红素等特殊营养成分，具有不同凡响的保健功效。其含有丰富的胡萝卜素、多种维生素和钙、铁等健康眼睛的必需营养物质，故有明目之功，俗称"明眼子"。

功效主治

　　枸杞子味甘、性平，具有补肝益肾之功效，《本草纲目》中说"久服坚筋骨，轻身不老，耐寒暑"。中医常用它来治疗肝肾阴亏、腰膝酸软、头晕、健忘、目眩、目昏多泪、消渴、遗精等病症。现代药理学研究证实，枸杞子可调节机体免疫功能、能有效抑制肿瘤生长和细胞突变，具有延缓衰老、抗脂肪肝、调节血脂和血糖等方面的作用，并应用于临床。常食枸杞子，可以提高皮肤吸收养分的能力，有美白的效果。

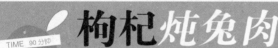

枸杞炖兔肉

TIME 90 分钟

菜品特点
汤鲜肉美
营养丰富

● **主料：** 鲜兔肉 250 克，枸杞子 15 克
● **配料：** 红枣 5 个，清汤、葱段、姜片、清盐、味精、味极鲜、香油各适量

视觉享受：★★★★
味觉享受：★★★★★
操作难度：★★★

 操作步骤

①将鲜兔肉洗净，切成块，入烧沸的开水中汆透，放温开水中漂洗干净，捞出放砂锅内。
②加入清汤、葱段、姜片、精盐、味极鲜和洗过的枸杞子、红枣。
③将砂锅置灶眼上，旺火烧沸后撇去浮沫，盖上锅盖改用慢火炖约 45 分钟，待兔肉熟烂，用味精调味，滴上香油即可。

 **操作要领**

兔肉切块要大小均匀，保持足够的炖制时间。

营养贴士

兔肉具有含蛋白质多、脂肪少、胆固醇低的特点。

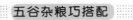

视觉享受：★★★★ 味觉享受：★★★★ 操作难度：★★★★

枸杞烧冬笋

TIME 20分钟

菜品特点
食材简单
清香味鲜

⊖ **主料：** 枸杞子50克，冬笋500克

☞ **配料：** 姜末8克，盐5克，味精1克，白糖25克，料酒25克，花生油75克

🥢 操作步骤

①枸杞子用清水洗净，沥干水分；冬笋焯熟洗净，切块。

②炒锅烧热，将花生油烧至八成热，下盐，再投入枸杞子、冬笋一起煸炒，加入姜末、味精、料酒、白糖，翻炒均匀，起锅装盘即可。

🥄 操作要领

冬笋先用清水煮滚，再放到凉水中浸泡半天，可去除苦涩味，烹饪后味道更佳。

☞ 营养贴士

此菜可做便秘食谱、美容菜谱和减肥菜谱。

⊖ **主料：** 瘦肉80克，枸杞梗适量

☞ **配料：** 油、盐、姜丝、枸杞子各适量

🥢 操作步骤

①枸杞梗洗净，切适量长的段；瘦肉切片，用姜丝、油、盐腌渍一下；枸杞子洗一下备用。

②锅里放适量的水，下入枸杞梗，煮开后小火煮8分钟出味，然后捞起弃之不要。

③下肉片和枸杞子再煮开，最后加盐调味即可。

🥄 操作要领

枸杞梗也是有药用价值的，煮出味效果更好。

☞ 营养贴士

枸杞子有改善大脑的功效，能增强人的学习记忆能力。

视觉享受：★★★★ 味觉享受：★★★★ 操作难度：★★

枸杞瘦肉强身汤

TIME 60分钟

菜品特点
简单易学
补血养颜

香菇枸杞养生粥

TIME 2小时

菜品特点
消除疲劳
健康养生

主料：糯米 100 克，麦片 20 克，枸杞子 10 克，红枣 8 粒，干香菇 3 朵

配料：盐、白糖各适量

视觉享受：★★★
味觉享受：★★★★
操作难度：★★

操作步骤

①糯米用清水泡 60 分钟；干香菇在放有白糖的温水中泡软，去蒂切片；枸杞子、红枣洗净，红枣去核。

②电饭锅放入半锅水，放入所有材料，按"煮粥"键，待粥煮好后用适量盐调味即可。

操作要领

如果在浸泡香菇的温水中加入少许白糖，烹调时味道会更加鲜美

营养贴士

糯米、香菇、枸杞子、大枣搭配食用具有平肝、清热、降压、补血的功效。

龙眼

概述 >>>

　　龙眼，又称桂圆，原产中国，已有 2000 多年的种植历史，是我国南亚热带名贵果品，历史上有南"桂圆"北"人参"之称。龙眼果实甜美多汁，自古便深受人们喜爱，被视为珍贵补品。其营养丰富，是珍贵的滋养强化剂，不仅可鲜食，而且可制成罐头、酒、膏、酱等。鲜龙眼烘成干果后即是中药里的桂圆。

营养成分

　　龙眼的果实是果中珍品，糖分含量很高，包括能被人体直接吸收的葡萄糖，且含有多种维生素、矿物质、蛋白质、脂肪和果糖等对人体有益的营养成分，是医药上的珍贵补品。龙眼肉含有蛋白质、脂肪、糖类、有机酸、粗纤维及多种维生素和矿物质等，能抑制脂质过氧化，提高抗氧化酶活性，有一定的抗衰老作用。

功效主治

　　龙眼能够入药，有壮阳益气、补益心脾、养血安神、润肤美容等多种功效，适宜食用的人群有：神经性、贫血性或思虑过度所引起的心跳心慌、头晕失眠者；大脑神经衰弱、健忘和记忆力低下者；年老气血不足、产后妇女体虚乏力、营养不良引起的贫血患者。此外，龙眼对子宫癌细胞的抑制率超过 90%，妇女更年期是妇科肿瘤好发的阶段，适当吃些龙眼对健康有利。

桂圆糯米粥

菜品特点
粥味清香
富有营养

▶ **主料：** 糯米 100 克，桂圆肉 15 克
▶ **配料：** 红糖适量

视觉享受：★★★★
味觉享受：★★★★★
操作难度：★★★

🥢 操作步骤

①将糯米淘洗干净。
②糯米入锅，加足量水，先用旺火烧开，再转用文火熬煮。
③待米粒略呈花糜状，将桂圆肉剥散加入，搅匀，继续煮至粥成。
④出锅前加入适量红糖，煮匀即成。

🥄 操作要领

熬煮过程中，隔 10 分钟左右应搅拌 1 次，以免焦煳粘锅。

 营养贴士

此粥可补心益脾、养血安神，适于神经衰弱、贫血调理等。

冰糖桂圆银耳羹

菜品特点
清热去火
美容养颜

主料：桂圆 20 克，银耳 1 朵
配料：枸杞子 10 克，冰糖 25 克，糖桂花适量

视觉享受：★★★★
味觉享受：★★★★
操作难度：★★

操作步骤

①银耳泡发，洗净，用手撕成小块；枸杞子洗净，用水泡 10 分钟。
②在砂锅中倒入适量的水，先放入银耳、桂圆，中火熬开，然后放入冰糖，小火煲 40 分钟。
③最后放入枸杞子，再煲 10 分钟，撒上糖桂花即可。

操作要领

银耳泡水后是容易涨发的，熬煮的过程中也会涨发。所以一次不用泡太多。

营养贴士

此羹具有美容、明目、清热去火、降三高、软化血管、补钙、补血的功效。